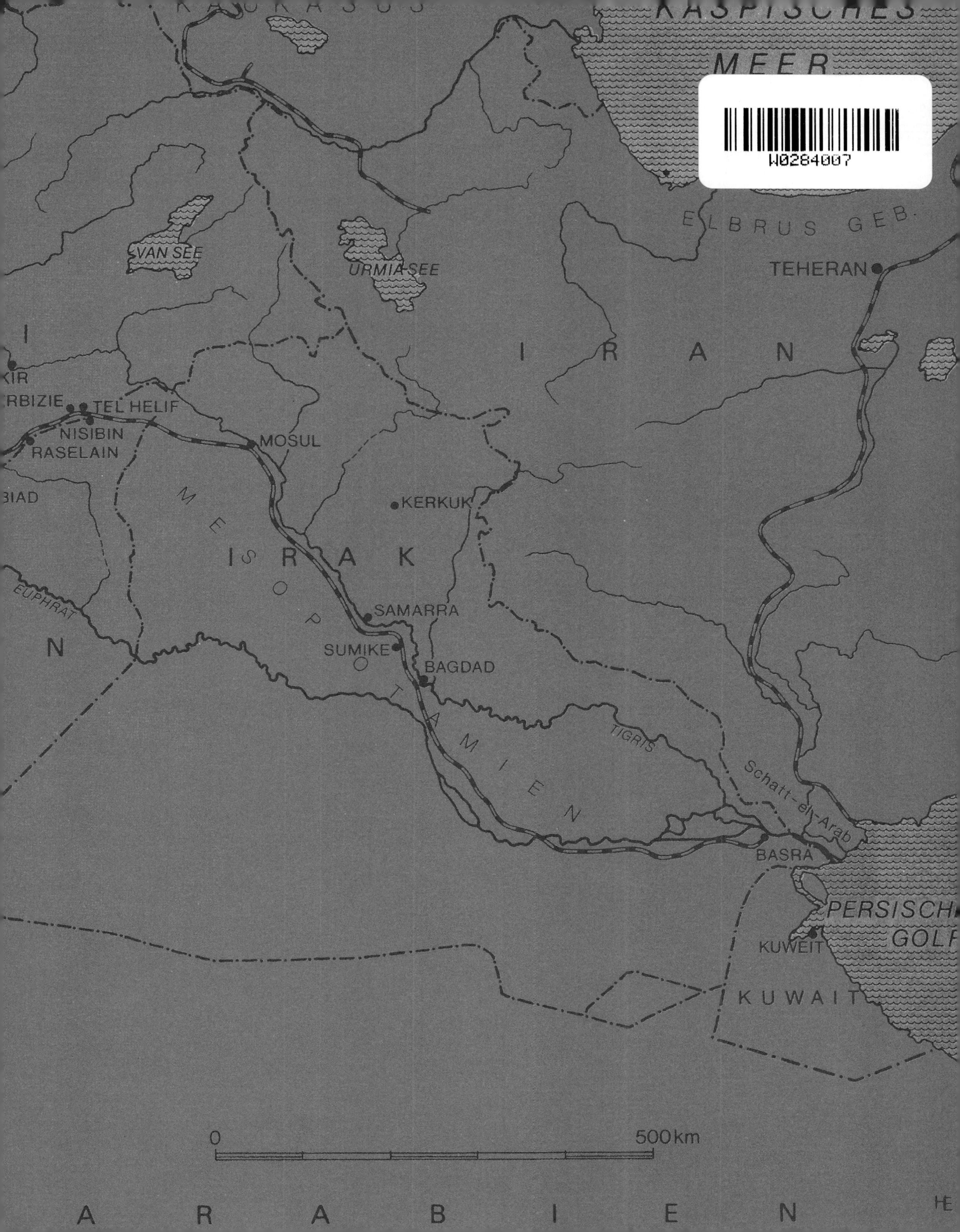
KAUKASUS
KASPISCHES
MEER
ELBRUS GEB.
VAN SEE
URMIA-SEE
TEHERAN
I R A N
KIR
RBIZIE
TEL HELIF
NISIBIN
RASELAIN
MOSUL
BIAD
KERKUK
MESOPOTAMIEN
I R A K
EUPHRAT
N
SAMARRA
SUMIKE
BAGDAD
TIGRIS
Schatt-el-Arab
BASRA
PERSISCH
GOLF
KUWEIT
KUWAIT
0
500 km
A R A B I E N

MANFRED POHL

unter Mitarbeit von Angelika Raab-Rebentisch

MANFRED POHL

unter Mitarbeit von Angelika Raab-Rebentisch

VON STAMBUL NACH BAGDAD

DIE GESCHICHTE EINER BERÜHMTEN EISENBAHN

PIPER

MÜNCHEN ZÜRICH

ISBN 3-492-04113-2

Gesamtherstellung: Kösel, Kempten
Printed in Germany

INHALT

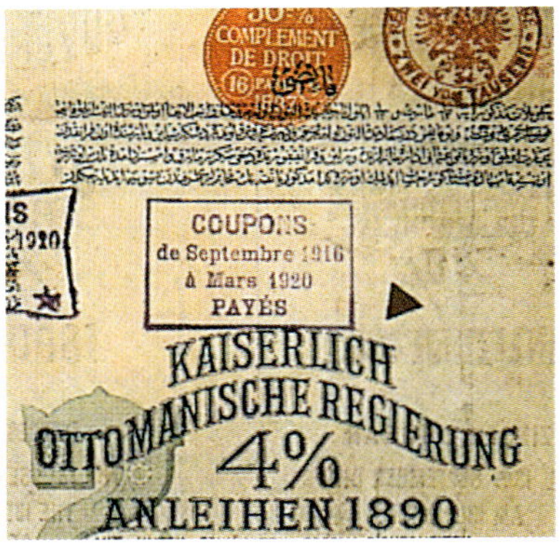
COMPLEMENT
DE DROIT
COUPONS
de Septembre 1916
à Mars 1920
PAYÉS
KAISERLICH
OTTOMANISCHE REGIERUNG
4%
ANLEIHEN 1890

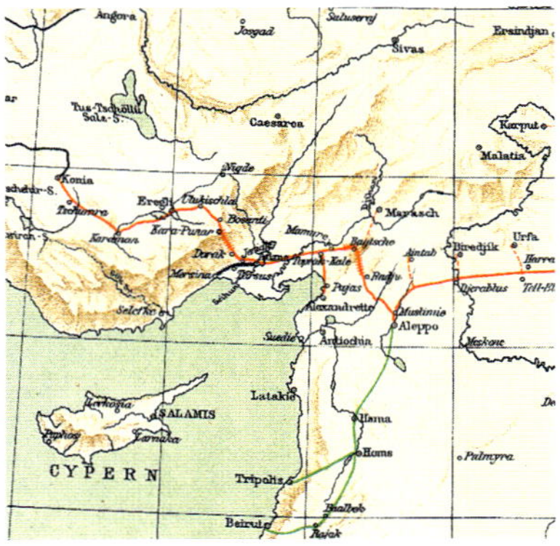
CYPERN
SALAMIS
Aleppo

VORWORT

Keine andere Eisenbahn hat politisch für so viel Wirbel gesorgt wie jene Linie vom Bosporus an den Persischen Golf. Wilhelminischer Tatendrang kollidierte auf dem Gebiet des Osmanischen Reiches mit den Interessen anderer Großmächte. Bis ans Ziel ist die Bagdadbahn unter deutscher Beteiligung daher nie gelangt.

1888 und 1903 erteilte die türkische Regierung einem Konsortium unter Führung der Deutschen Bank die Konzessionen für den Bau und den Betrieb einer Eisenbahn, die von Istanbul über Bagdad zum Persischen Golf führen sollte. »Das großartigste und weitschauendste Verkehrsunternehmen der heutigen deutschen Weltpolitik« – so konnte man 1909 lesen – wurde jedoch, je weiter der Bau voranschritt, zu einem Politikum. Eine Internationalisierung der Bagdadbahn gelang nicht, trotz vielerlei Bemühungen. Zwar kam es noch im Juni 1914 zu einer Annäherung zwischen England und Deutschland, doch der Ausbruch des Ersten Weltkrieges machte alle Vereinbarungen zunichte.

Technisch blieb die Bagdadbahn zunächst unvollendet. Die Bautätigkeiten kamen im Zusammenhang mit der politischen Neuordnung des Osmanischen Reiches nach 1920 gänzlich zum Erliegen. 1940 endlich, in einem völlig veränderten politischen Umfeld, war das schwierige Unternehmen vollendet. Der erste Zug konnte am 15. Juli 1940 – 52 Jahre nach der Erteilung der Konzession – die Strecke von Konstantinopel nach Bagdad befahren.

Auch heute noch fasziniert diese Bahnstrecke, deren Route »fast so alt ist wie die reisende Menschheit« und die um 1900 so viel internationales Aufsehen erregte, wie sie heute verkehrspolitisch und technisch vergessen ist. Der Name der Bahnlinie wurde und ist populär, vermutlich weil er mit romantischen Orientvorstellungen der Öffentlichkeit übereinstimmt. »Bagdadbahn« – das Wort hat auch heute noch einen faszinierenden Beiklang; es erinnert an die Märchen aus Tausendundeiner Nacht, an sagenhafte Reichtümer und an abenteuerliche Geschichten.

Das vorliegende Buch beschreibt die Finanzierung, den Bau und die wirtschaftliche Bedeutung der Bagdadbahn vor dem politischen und wirtschaftlichen Hintergrund der Zeit. Es folgt eine ausführliche historische Streckenbeschreibung der Bahnlinie, in deren Bereich Schauplätze von weltbewegender Bedeutung liegen. Viele antike und mittelalterliche Namen der Bahnstationen lesen sich wie ein Leitfaden der Weltgeschichte.

Der Text wird ergänzt durch zahlreiche historische Fotos und Dokumente. Besonders erwähnenswert sind die Bilder des schwedischen Fotografen G. Berggren, der einen Teil der Bahnstrecke gegen Ende des letzten Jahrhunderts fotografierte. Das Bildarchiv des Deutschen Archäologischen Instituts in Istanbul stellte uns diese Aufnahmen zur Verfügung. Zahlreiche weitere Fotos stammen aus dem Bundesarchiv in Koblenz.

Mein Dank gilt allen Archiven, aber auch den Bilderdiensten und Privatpersonen, die diese Publikation durch Fotos und Dokumente unterstützten.

Frankfurt am Main, im November 1999 *Manfred Pohl*

M2

I. DIE GESCHICHTE DER BAGDADBAHN

»Ich pfeife auf diese Konzession und auf die ganze Bagdadbahn!« – So drastisch machte Georg von Siemens, der Vorstandssprecher der Deutschen Bank, im Oktober 1898 in Konstantinopel seinem Herzen Luft. Siemens' Stoßseufzer spiegelte die Schwierigkeiten wider, die die Deutsche Bank mit der Finanzierung und dem Bau der Bagdadbahn hatte. Wohl kaum eine Eisenbahn sorgte vor dem Ersten Weltkrieg politisch für so viel Wirbel. Sie ging in die Geschichte ein als spektakuläres wirtschaftliches Unternehmen, als beachtliche technische Pionierleistung, aber auch als Gegenstand politischer Interessenkämpfe der damaligen Großmächte Europas. Mit diesem Projekt, das im Jahre 1888 begann, geriet die Deutsche Bank mitten hinein in diplomatische Verwicklungen und wurde ein Faktor im Weltmachtstreben des Deutschen Reiches.

Die zunehmenden internationalen Widerstände hatten Georg von Siemens sein Werk jedoch so zweifelhaft gemacht, daß er Anfang

Die Bagdadbahn – Titelbild einer Broschüre der Anatolischen Eisenbahn-Gesellschaft (1926)

1899 den Direktor der Londoner Filiale beauftragte, dem russischen Finanzminister Sergei Juljewitsch Witte die Majorität der Eisenbahnaktien anzubieten. Der Russe lehnte dankend ab, und die Bank war gezwungen, »das, abgesehen von der Politik, gute und aussichtsreiche Unternehmen« – so Siemens' Vorstandskollege Arthur von Gwinner – weiterzuführen.

EISENBAHNEN IN DER TÜRKEI

Erste Pläne für eine Bahnverbindung von Kleinasien nach Bagdad und dem Persischen Golf entstanden bereits um die Mitte des vorigen Jahrhunderts. Der englische Oberst Francis Chesney bereiste in den dreißiger Jahren in mehreren Expeditionen Syrien und Mesopotamien, um einen Landweg zum Persischen Golf und weiter nach Indien zu erkunden. Als Ergebnis seiner Reisen schlug Chesney unter anderem den Bau einer Eisenbahn, der »Euphrates Valley Railway«, vor, die von der nordsyrischen Mittelmeerküste über Aleppo, durch das Euphrattal bis Bagdad und weiter nach Basra führen sollte. Dieser Plan erhielt zwar die Genehmigung der osmanischen Regierung, es gelang damals jedoch nicht, die nötigen finanziellen Mittel aufzubringen, da die britische Regierung und private englische Kapitalgeber ihre Unterstützung verweigerten. Auch verschiedene andere Vorschläge einer Bahnverbindung vom Mittelmeer zum Persischen Golf führten in den nächsten Jahrzehnten zu keinen konkreten Ergebnissen.

Mit der Eröffnung des Suezkanals stand dann ab 1869 gegenüber der Fahrt um das Kap der Guten Hoffnung ein wesentlich verkürzter Seeweg zur Verfügung. Die britische Regierung erwarb das größte Aktienpaket an der Suezkanal-Gesellschaft und sicherte sich durch die militärische Besetzung Ägyptens im Jahre 1882 die faktische Kontrolle über diesen Verkehrsweg. An einer Landverbindung an den Persischen Golf war sie nun nicht mehr interessiert. Die Idee einer »Bagdadbahn« zog sich jedoch weiterhin wie ein roter Faden durch die türkischen Eisenbahnplanungen.

Die Türkei, zu der damals noch große Teile des heutigen Albanien und Griechenlands gehörten und deren östliche und südliche

Karte der Bagdadbahn (1915)

Grenzen bis an den Persischen Golf und an das Rote Meer reichten, war in der zweiten Hälfte des 19. Jahrhunderts nicht in der Lage, den Ausbau eines Bahnnetzes aus eigener Kraft durchzuführen. Sie benötigte dazu ausländisches Kapital und ausländische Technik.

Bis Mitte der achtziger Jahre des 19. Jahrhunderts verfügte der asiatische Landesteil nur über einige kurze und wenig leistungsfähige Stichbahnen mit lokaler Bedeutung, die größtenteils von englischen und französischen Gesellschaften gebaut und betrieben wurden. Die erste kleinasiatische Eisenbahn führte von *Smyrna* (İzmir) nach *Aydın* und war in den Jahren 1856 bis 1867 von einer englischen Gruppe erbaut worden. Die ursprünglich rund 130 Kilometer lange Strecke wurde ab 1888 durch Verlängerungslinien zu einem stattlichen Netz von 515 Kilometern erweitert.

Von Smyrna ging auch die zweite Strecke aus: Sie führte in das 93 Kilometer entfernte *Kassaba* (Turgutlu), wurde ebenfalls von einer englischen Gruppe errichtet und im Jahre 1866 eröffnet. Auch diese Bahn dehnte sich durch verschiedene Verlängerungen und Zweiglinien weiter nach *Alaschehir* (Alaşehir) und *Afiun-*(Afyon-)*Karahissar* aus und umfaßte schließlich rund 270 Kilometer.

Die türkische Regierung selbst erbaute 1871 die 92 Kilometer lange Küstenstrecke von *Haidar Pascha* (Haydarpaşa; einem Vorort Konstantinopels) nach *Ismid* (İzmit) am Marmarameer. Sie übergab den Betrieb zunächst einer englischen Gesellschaft und verkaufte die Bahn 1889 an die Anatolische Eisenbahn-Gesellschaft.

Ebenfalls zu Beginn der siebziger Jahre wurde die 45 Kilometer lange Bahn von *Mudania* am Marmarameer nach der alten Osmanenhauptstadt *Brussa* (Bursa) in Angriff genommen, die jedoch infolge Geldmangels der türkischen Regierung in den Anfängen steckenblieb und erst 20 Jahre später von einem französisch-belgischen Konsortium fertiggestellt werden konnte.

Vom Hafen *Mersina* (Mersin) über Tarsus nach *Adana* in der Kilikischen Ebene führte ab 1883 eine weitere kurze Bahnstrecke (67 Kilometer). Der Bau und der Betrieb lagen wiederum in den Händen eines englisch-französischen Konsortiums.

DER »ORIENTEXPRESS«

Die Konzession für den Bau von Eisenbahnen im europäischen Teil der Türkei erhielt im Jahre 1869 der aus München stammende Baron Moritz von Hirsch (1831–1896), der sogenannte »Türkenhirsch«. Hirsch, der um 1860 in Brüssel das Bankhaus F. Bischoffsheim – de Hirsch gegründet hatte, übernahm die Finanzierung und den Bau von rund 2000 Kilometern Eisenbahn, um Konstantinopel mit dem Bahnnetz des europäischen Kontinents zu verbinden, speziell um eine durchgehende Verbindung von Wien nach Konstantinopel zu schaffen.

Der türkische Staat übernahm hierbei eine »Kilometergarantie«, das heißt eine Brutto-Betriebseinnahmegarantie je Kilometer unter Verpfändung von Staatseinkünften, während Baron von Hirsch das Recht zur Ausgabe einer mit drei Prozent niedrig verzinsten Anleihe erhielt. Sie war jedoch mit der zusätzlichen Attraktion einer

Das Osmanische Reich um 1900

regelmäßigen Lotterie ausgestattet, die hohe Gewinne bringen konnte. Diese »Türkenlose« wurden sogar an der Wiener Börse zugelassen, obwohl der österreichische Finanzminister zunächst gegen die Zulassung Widerstand leistete.

Zur Durchführung seiner Projekte errichtete Hirsch in Paris zwei Gesellschaften, eine Bau- und eine Betriebs-Gesellschaft der Orientalischen Eisenbahnen. Probleme bei der Kapitalbeschaffung sowie innertürkische Schwierigkeiten führten jedoch zu Verzögerungen. Die ausgegebenen »Türkenlose« blieben schon im zweiten Jahr nach ihrer Emission notleidend. Aber das vom Publikum für die Tür-

Souvenirkarte für die Reisenden des Orientexpreß (vor 1900)

kenlose bezahlte Geld langte dazu, wie Arthur von Gwinner schrieb, »die Bahnen mehr schlecht als recht durch einen levantinisch-französischen Unternehmer zu bauen und – den Baron Hirsch zu einem der reichsten Leute zu machen«.

Die durchgehende Verbindung von Wien nach Konstantinopel konnte erst im Jahre 1888 fertiggestellt werden. Auf dieser Strecke verkehrte der legendäre »Orientexpreß«, jener berühmte Luxuszug, der schon immer Literaten und Filmemacher faszinierte. Am 4. Oktober 1883 war der Orientexpreß zum ersten Mal von Paris nach Konstantinopel gestartet. Zunächst fuhr der Zug nur bis Giurgiu, südlich von Bukarest. Hier mußten die Passagiere ihre samtgepolsterten Abteile verlassen und mit einer Fähre ans andere Donauufer übersetzen. Mit einem weit weniger komfortablen Zug ging es dann von Russe nach Warna am Schwarzen Meer. Dort begann die letzte Reiseetappe, die per Schiff nach Konstantinopel führte.

Der Orientexpreß bei Konstantinopel (Postkarte, um 1900)

Ab Juni 1889 befuhr der Orientexpreß die Strecke von Paris nach Konstantinopel durchgehend. Die Reisedauer für die 3168 Kilometer lange Fahrt betrug in den Anfangsjahren 67 Stunden und 46 Minuten und wurde bis 1908 auf 62 Stunden und 15 Minuten reduziert. Die Durchschnittsgeschwindigkeit von 50 Kilometern in der Stunde galt dabei im Hinblick auf die gebirgigen Regionen auf der Strecke als sehr respektable Leistung.

Baron Hirsch geriet jedoch in finanzielle Streitigkeiten mit der türkischen Regierung und verkaufte schließlich 1890 seine Anteile an der Betriebs-Gesellschaft der Orientalischen Eisenbahnen an ein Konsortium der Deutschen Bank und des Wiener Bankvereins. Der alternde Baron »entkleidete die Betriebs-Gesellschaft ihrer Reserven und verkaufte ›die nackte Jungfrau‹ – das war Hirschs bezeichnender Ausdruck – für recht viel Geld an die Deutsche Bank. In jahrzehntelangem Bemühen wurden die Linien in besseren Zustand gesetzt und ›die nackte Jungfrau‹ wieder in anständigen Kleidern und starken Reserven geborgen.« – So kommentierte Arthur von Gwinner diese Transaktion.

Abdul Hamid II. (1876–1909), dem Sultan des Osmanischen Reiches, schwebte jedoch eine Erweiterung des Eisenbahnnetzes der europäischen Türkei über Konstantinopel hinaus in Richtung Persischer Golf vor. Er erkannte die Bedeutung der Schienenwege für die wirtschaftliche und auch die politisch-strategische Entwicklung des Landes. Eisenbahnen, das hatte die Geschichte in Europa und in Nordamerika gezeigt, bildeten die Grundlage für eine leistungsfähige Landwirtschaft und waren oft die Initialzündung für die Industrialisierung. Abdul Hamid sah vor allem auch die strategische Bedeutung der Eisenbahnen: Sie sollten Truppenverschiebungen innerhalb des riesigen Reiches erleichtern und eine bessere und schnellere Verbindung der Hauptstadt mit den weit entfernt liegenden Provinzen, speziell im asiatischen Landesteil, schaffen. Diese war lebenswichtig, zumal die großen Entfernungen dazu beitrugen, die ohnehin nicht sehr stabile Machtstellung der Zentralregierung in Konstantinopel mehr und mehr zu schwächen.

Der Sultan betraute den deutschen Ingenieur Wilhelm Pressel, der im Jahre 1872 von seinem Vorgänger zum »Generaldirektor der türkischen Eisenbahnen in Asien« ernannt worden war, mit der

Sultan Abdul Hamid II.

Aufgabe, ein umfassendes Bahnnetz zu projektieren. Pressel, der zuletzt im Auftrage des Barons von Hirsch die Bahnlinien in der europäischen Türkei konzipiert hatte, entwarf einen Plan, dessen Rückgrat eine Eisenbahnlinie von Haidar Pascha über Ankara, Sivas, Diarbekir, Mosul nach Bagdad und an den Persischen Golf bildete. Sie schloß ferner zahlreiche Zweiglinien nach dem Mittelmeer und dem Schwarzen Meer ein. Die Verwirklichung dieser Pläne blieb jedoch im Ansatz stecken; nur die kurze Küstenlinie von Haidar Pascha nach Ismid wurde gebaut. Der türkische Staatsbankrott im Jahre 1875 beendete zunächst alle Aktivitäten im Eisenbahnbau.

»DER KRANKE MANN AM BOSPORUS« UND DIE EUROPÄISCHEN MÄCHTE

Die finanziellen Verhältnisse des Osmanischen Reiches, das im Pariser Friedensvertrag von 1856 – um des europäischen Gleichgewichtes willen – in das »concert européen«, den Kreis der europäischen Mächte, aufgenommen worden war, lassen sich nur als miserabel bezeichnen. Die notorischen Geldkalamitäten der türkischen Herrscher (»Der kranke Mann am Bosporus«), eine Folge von Mißwirtschaft und Intrigen im Inneren sowie Verwicklungen in verschiedene kriegerische Auseinandersetzungen (Krimkrieg) führten dazu, daß die Türkei 1875 die Zahlungen auf ihre gesamten Außenschulden einstellen mußte. Die Liquidation ihrer Verbindlichkeiten wurde nun auf Veranlassung des Berliner Kongresses von einer Expertengruppe aus Vertretern der wichtigsten europäischen Gläubigerländer (mit Ausnahme Rußlands) international organisiert. Das sogenannte »Mouharrem-Dekret« vom 20. Dezember 1881 legte die türkischen Staatsschulden zusammen und übertrug die Wahrnehmung ihres Zinsen- und Tilgungsdienstes dem »Conseil d'Administration de la Dette Publique Ottomane« mit Sitz in Konstantinopel.

Der Umtausch der alten gegen die neuen Schuldentitel ergab dabei, daß von den gesamten türkischen Staatsanleihen 40 Prozent in Frankreich, 29 Prozent in England und 7,6 Prozent bzw. 7,2 Prozent in Holland und Belgien untergebracht waren. Der deutsche

Rechte Seite: 4%-Anleihe der Kaiserlich Ottomanischen Regierung von 1890

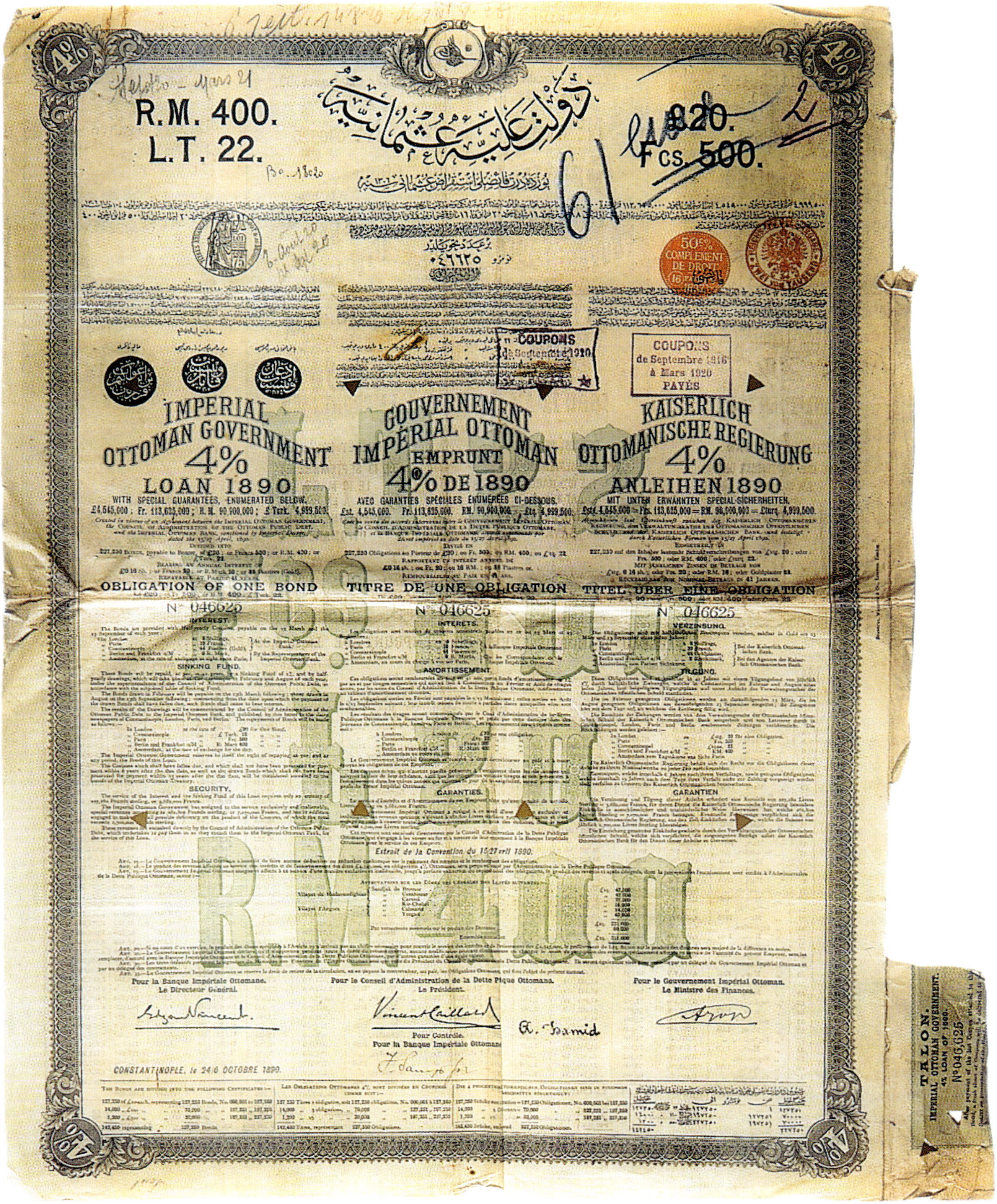
R.M. 400.
L.T. 22.
Fcs. 500.
COUPONS de Septembre 1916 à Mars 1920 PAYÉS
IMPERIAL OTTOMAN GOVERNMENT 4% LOAN 1890
GOUVERNEMENT IMPÉRIAL OTTOMAN EMPRUNT 4% DE 1890
KAISERLICH OTTOMANISCHE REGIERUNG 4% ANLEIHEN 1890
OBLIGATION OF ONE BOND
TITRE DE UNE OBLIGATION
TITEL ÜBER EINE OBLIGATION
N° 046625
CONSTANTINOPLE, le 24/6 OCTOBRE 1890.
TALON. IMPERIAL OTTOMAN GOVERNMENT.

Anteil betrug nur 4,7 Prozent, der italienische 2,6 Prozent und der österreich-ungarische 1 Prozent. In der Türkei selbst wurden 7,9 Prozent umgetauscht. Dem »Conseil d'Administration de la Dette Publique«, dem je ein Vertreter der »Bondholders« in Frankreich, England, Italien, Österreich-Ungarn und Deutschland angehörte, standen die Verwaltung, Erhebung und direkte Einziehung aller für den Dienst der auswärtigen Schuld abgetretenen türkischen Staatseinnahmen zu. Dazu zählten zum Beispiel die Einnahmen aus den Tabak-, Salz- und Spiritussteuern sowie aus anderen Taxen, die Überschüsse aus künftigen Zollerhöhungen, die bulgarischen Tributzahlungen, Überschüsse der Insel Zypern und vieles mehr. Präsident der Schuldenverwaltung war der Engländer Sir Vincent Caillard, die deutschen Interessen vertrat das Bankhaus Bleichröder in Berlin.

Das Osmanische Reich war bis in die achtziger Jahre hinein ein Anziehungspunkt für französisches und englisches Kapital. Als Hauptgeldgeber fungierte der Pariser Kapitalmarkt durch Vermittlung der »Banque Impériale Ottomane« und der mit ihr verbundenen Pariser Großbanken. Deutsches Kapital spielte in der Türkei bis 1890 nur eine geringe Rolle. Seit der 1881 vorgenommenen Neuregelung der türkischen Staatsschuld konsolidierten sich jedoch die finanziellen Verhältnisse, das Land wurde zunehmend auch für Kapitalgeber in Deutschland interessant. Die Türkei erfüllte – im Gegensatz zu früheren Jahren – ihre monetären Verpflichtungen mit großer Pünktlichkeit. Dadurch verbesserten sich auch die Voraussetzungen für die türkischen Eisenbahnpläne wieder.

Als der Sultan sich seit Mitte der achtziger Jahre erneut um den Bau einer Eisenbahnlinie durch den asiatischen Teil des Osmanischen Reiches bemühte, war von der »Bagdadbahn« noch nicht die Rede. Es begann mit der »Anatolischen Eisenbahn«, die von Haidar Pascha, dem Vorort Konstantinopels auf der asiatischen Seite des Bosporus, bis nach Ankara führen sollte. Die türkische Regierung war bestrebt, mit der Ausführung und Finanzierung des Projektes englische oder deutsche Institute zu beauftragen, um dadurch die bisherige sehr enge und gelegentlich als drückend empfundene Bindung an Frankreich etwas zu lockern.

Rechte Seite: Die Banque Impériale Ottomane, die Ottomanbank (Illustration von 1896)

Nun begann ein zähes Ringen um die Konzessionen für den Bau der Eisenbahn. Neben einer englisch-italienischen Gruppe unter

5 Septembre 1896 L'ILLUSTRATION N° 2793 — 185

CONSTANTINOPLE. — Les bureaux de la Banque ottomane envahis le 26 août par les révolutionnaires arméniens.
1. Façade sur les jardins. — 2. Façade sur la rue Voïvode. — 3. Galerie du 1er étage. — 4. Vestibule. — 5. Caisses.

Führung von Vincent Caillard und einer französischen Gruppe unter Führung des Bauunternehmers Collas begann die »Banque Impériale Ottomane«, die Ottomanbank, starken Druck auf die Regierung in Konstantinopel auszuüben, ihr die Bahnkonzessionen zukommen zu lassen. Die türkische Regierung beobachtete freilich mit Sorge, daß die Ottomanbank, die mit dem Recht der Notenausgabe ausgestattet war, mehr und mehr eine Monopolstellung in den türkischen Finanzgeschäften bekam und sich auch im Eisenbahnwesen eine führende Position zu verschaffen suchte. Bedrängt von englischen und französischen Bewerbern, wandte sich der Sultan Abdul Hamid nunmehr an deutsche Finanzkreise.

DIE KONZESSION FÜR DIE ANATOLISCHE EISENBAHN

Im Auftrag Abdul Hamids trat der Ingenieur Wilhelm Pressel an verschiedene deutsche Banken heran, um sie für das große Unternehmen zu gewinnen. Pressel wandte sich auch an Georg von Siemens, den führenden Kopf im Vorstand der Deutschen Bank. Siemens zögerte jedoch und schrieb Anfang 1887 an einen Bekannten, der sich für das Projekt einsetzte, daß »einerseits die Finanzierung derartiger Unternehmen außerhalb des Bereichs der regelmäßigen Tätigkeit der Deutschen Bank liege, andererseits auch die augenblicklich obwaltenden politischen Verhältnisse es nicht rätlich erscheinen ließen, sich auf weitaussehende Unternehmungen einzulassen, selbst wenn mit Gewißheit auf eine Rentabilität gerechnet werden dürfe«. Siemens hielt zudem die US-amerikanischen Eisenbahnprojekte, die er gleichzeitig verfolgte, für wesentlich vielversprechender.

Georg von Siemens, Vorstandssprecher der Deutschen Bank von 1870 bis 1900

Auch im März 1888 äußerte er sich gegenüber einem Wiener Geschäftsfreund noch skeptisch: »Was die Presselschen Projekte anlangt, so sind mir dieselben aus früherer Zeit schon bekannt, und ich bin ganz Ihrer Ansicht, daß diese Landesteile unter einer ungerechten Vernachlässigung leiden, daß derjenige, welcher sie aufschließt, unter Umständen nicht nur nützliche, sondern auch gewinnbringende Dinge vollbringen kann. Aber unsere Macht als Bankiers geht nicht weiter, als wie wir durch die Zustimmung des Publikums getragen werden. Wollten wir mit den geringen eigenen Mitteln einer Bank unsere Geschäfte machen, so würden wir in wenigen Monaten am Ende unserer Leistungsfähigkeit und unseres Einflusses angelangt sein. Für uns handelt es sich nur darum, den Puls des Publikums zu fühlen und seinen Gefühlen um kurze Fristen vorauszueilen. Von diesem Vordersatz ausgehend, möchte ich Ihnen sagen, daß zur Zeit in Deutschland für die Presselschen Pläne keine Aussicht ist.«

Bei der Bagdadbahn ging die Initiative einmal nicht von dem sonst so dynamischen Siemens aus, der vielmehr lange Zeit zögerte, dieses umfangreiche und ganz offensichtlich auch risikobeladene Projekt anzugehen. Der Anstoß kam vielmehr von dem Vorstandsmitglied der Württembergischen Vereinsbank, Alfred Kaulla, der sich Anfang 1888 zu Verhandlungen über Waffengeschäfte der Mauser-Werke in Konstantinopel aufhielt. Dabei lernte er Vertreter der türkischen Regierung kennen, die ihm schließlich in Aussicht stellten, die Konzession für den Bau der Anatolischen Eisenbahn einer deutschen Finanzgruppe zu übertragen. Für die Württembergische Vereinsbank war das Projekt zu groß, sie bot es daher der Deutschen Bank an, in deren Aufsichtsrat die Provinzbank vertreten war. Die guten Verbindungen zwischen beiden Banken wurden durch die Freundschaft zwischen Georg von Siemens und dem Vorstandsvorsitzenden der Württembergischen Vereinsbank, Kilian Steiner, zusätzlich unterstützt.

Nach Beratung mit seinen Kollegen im Vorstand der Deutschen Bank äußerte sich Siemens im Juni 1888 gegenüber Steiner jedoch noch immer ablehnend zu dem Eisenbahnprojekt: »Wir haben den starken Gewinn, welcher in demselben liegt, nicht übersehen; aber wir sind nach langer Überlegung doch zu dem Resultat gekommen, daß die uns zur Verfügung stehenden Arbeitskräfte nicht ausreichen, um ein derartiges und sowohl in der Erwerbung der Konzession als in der Überwachung der Ausführung umständliches Unternehmen durchzuführen. Unser Kapital ist gegenwärtig so groß, daß wir den Schwerpunkt in den Zinsgeschäften suchen müssen. Das beste Konsortialgeschäft wird uns selten soviel bringen, als wie ein Prozent Zinsunterschied in der Anlage unserer Bestände ausmacht.«

Erst nachdem die türkische Regierung sich bereit erklärte, die nötigen finanziellen Garantien zu übernehmen und dafür bestimmte Steuereinnahmen zu verpfänden, zeigte die Deutsche Bank größere

Alfred Kaulla, Vorstandsmitglied der Württembergischen Vereinsbank von 1882 bis 1900

Kilian Steiner, Vorstandsmitglied der Württembergischen Vereinsbank von 1869 bis 1903

Bereitschaft, auf das Unternehmen einzugehen. Die Erhebung der Einnahmen sollte der »Dette Publique« übertragen werden, die sich durch ihre Tätigkeit und die pünktlichen Zinszahlungen für die ihr unterstellten Anleihen das Vertrauen der europäischen Kapitalmärkte erworben hatte.

Neben dem finanziellen Risiko scheute die Deutsche Bank zunächst auch diplomatische Verwicklungen, die sich aus dem Engagement im Osmanischen Reich ergeben konnten, dessen machtpolitischer Niedergang seit annähernd einem Jahrhundert immer wieder zu Auseinandersetzungen zwischen den europäischen Großmächten geführt hatte und weiterhin zu führen drohte. Alle europäischen Großmächte zeigten sich in der einen oder anderen Form am Erbe des »kranken Mannes am Bosporus« interessiert. Die Bank wollte sich daher vor weiteren Verhandlungen mit dem Sultan der Unterstützung der Reichsregierung versichern und richtete am 15. August 1888 eine Anfrage an das Auswärtige Amt:

»Die kaiserlich Ottomanische Regierung beschäftigt sich seit geraumer Zeit mit dem Plan des Baues der kleinasiatischen Bahnen. Wie uns von glaubhafter Seite mitgeteilt wird, würde die genannte Regierung und insbesondere S. M. der Sultan die Ausführung dieses Werkes vorzugsweise Deutschen übertragen. Ein gewisser direkter Ausdruck dieser Stimmung ist in dem beiliegenden Briefe des hiesigen türkischen Botschafters an den Direktor der Württembergischen Vereinsbank, Herrn Alfred Kaulla, zu erblicken.

Wir wären nun geneigt, uns um die Konzession zu bewerben und zu den diesbezüglichen in Konstantinopel zu führenden Verhandlungen den oben erwähnten Herrn Kaulla zu bevollmächtigen; die Voraussetzung hierfür wäre aber, daß seitens des hiesigen Auswärtigen Amtes keine politischen Bedenken obwalten.

Wir gestatten uns daher die ganz gehorsamste Anfrage,

1. ob keine derartigen Bedenken erblickt werden,

2. ob eventuell die Kaiserliche Botschaft zu Konstantinopel angewiesen werden könnte, Herrn Kaulla bei seinen Verhandlungen nach Tunlichkeit zu unterstützen.

Nicht unerwähnt möchten wir lassen, daß wir uns bestreben würden, das Unternehmen in Gemeinschaft mit deutschen Finanzinstituten und in solcher Weise durchzuführen, daß den mit uns ver-

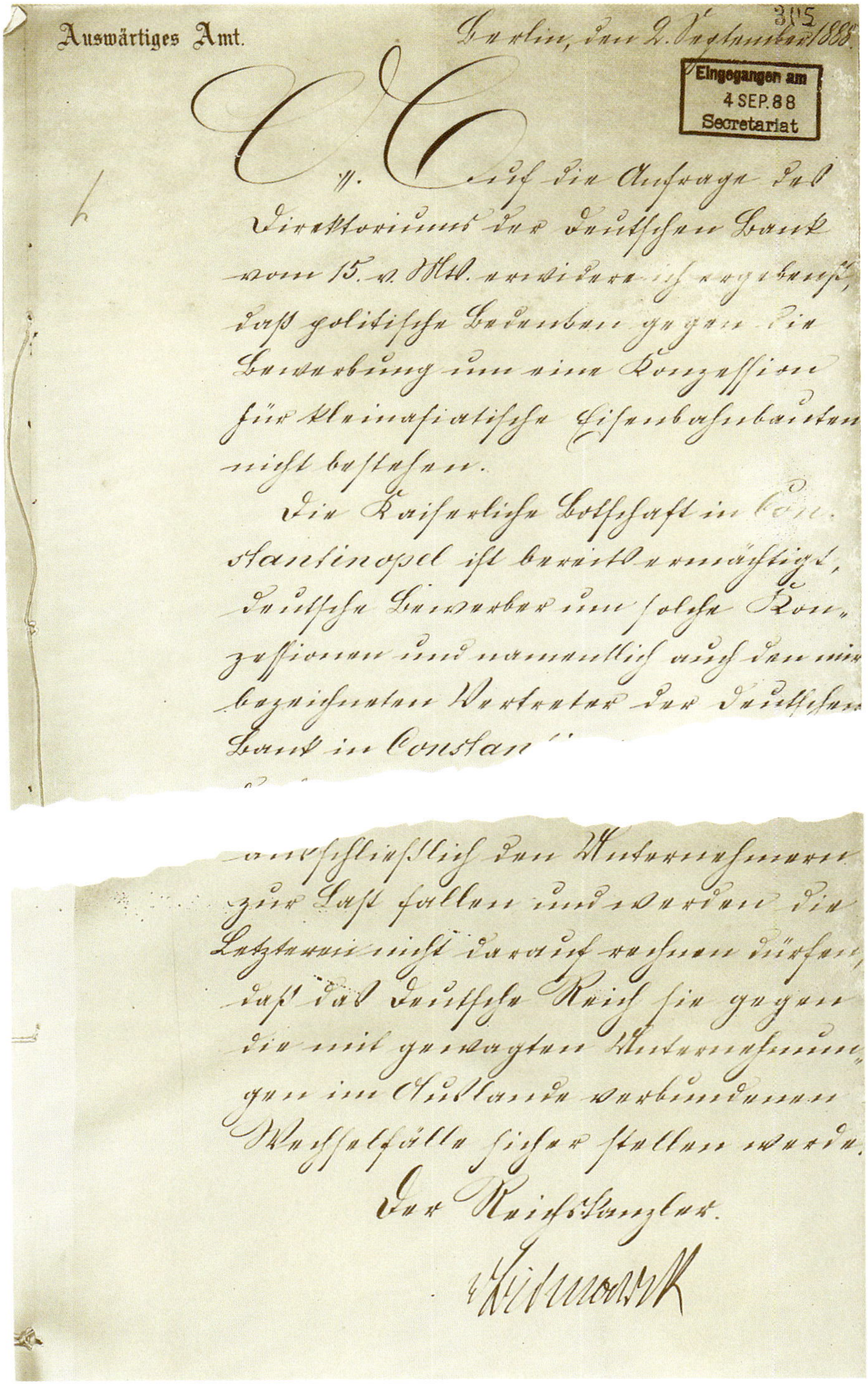
Auswärtiges Amt.

Berlin, den 2. September 1888.

305

Eingegangen am 4 SEP. 88 Secretariat

Auf die Anfrage des Direktoriums der deutschen Bank vom 15. v. Mts. erwidere ich ergebenst, daß politische Bedenken gegen die Bewerbung um eine Konzession für kleinasiatische Eisenbahnbauten nicht bestehen.

Die Kaiserliche Botschaft in Constantinopel ist bereits ermächtigt, deutsche Bewerber um solche Konzessionen und namentlich auch den mir bezeichneten Vertreter der Deutschen Bank in Constan [illegible]

ausschließlich den Unternehmern zur Last fallen und werden die Letzteren nicht darauf rechnen dürfen, daß das Deutsche Reich sie gegen die mit gewagten Unternehmungen im Auslande verbundenen Wechselfälle sicher stellen werde.

Der Reichskanzler.

Bismarck

Schreiben Otto von Bismarcks vom 2. September 1888 an die Deutsche Bank bundenen deutschen industriellen Etablissements möglichst zahlreiche Beteiligungen auf das zum Bahnbau und Betrieb erforderliche Material zugewiesen werden.«

Die Antwort des Auswärtigen Amtes traf am 4. September 1888 ein, unterzeichnet von Otto von Bismarck:

»Auf die Anfrage des Direktoriums der Deutsche Bank vom 15. v. Mts. erwidere ich ergebenst, daß politische Bedenken gegen die Bewerbung um eine Konzession für kleinasiatische Eisenbahnbauten nicht bestehen.

Die Kaiserliche Botschaft in Constantinopel ist bereits ermächtigt, deutsche Bewerber um solche Konzessionen, und namentlich auch den mir bezeichneten Vertreter der Deutschen Bank in Constantinopel, in ihren desfallsigen Bemühungen zu unterstützen.

Das Direktorium hat in seiner Eingabe selbst schon der zutreffenden Annahme Ausdruck gegeben, daß eine demselben im gegenwärtigen Stadium der Angelegenheit zu Theil werdende amtliche Förderung seiner Absichten sich nicht über den Zeitpunkt der etwaigen Konzessionierung hinaus, beziehungsweise nicht auf die Ausführung und den Betrieb des Unternehmens erstrecken würde. In der That gehen deutsche Unternehmer durch Kapitalsanlagen in anatolischen Eisenbahnbauten ein Risiko ein, welches zunächst in den Schwierigkeiten der Rechtsverfolgung im Orient liegt, aber durch kriegerische und andere Verwicklungen noch gesteigert werden kann.

Die darin für deutsches Kapital liegenden Gefahren werden ausschließlich den Unternehmern zur Last fallen, und werden die Letzteren nicht darauf rechnen dürfen, daß das Deutsche Reich sie gegen die mit gewagten Unternehmungen im Auslande verbundenen Wechselfälle sicher stellen werde.«

Bismarcks Schreiben bedeutete gedämpfte Zustimmung, enthielt aber auch Warnungen. Ihm widerstrebte es, Deutschland in die Politik des instabilen Osmanischen Reiches zu verwickeln, und die Anweisung an den deutschen Botschafter in Konstantinopel war das mindeste, was in solchen Fällen international üblich war. Das wirtschaftliche Risiko hatten die Unternehmer ohnehin allein zu tragen.

Alfred Kaulla reiste daraufhin sofort nach Konstantinopel. Die Deutsche Bank hatte ihn mit allen für einen Vertragsabschluß erforderlichen Vollmachten ausgestattet. Aus der diplomatischen Situation, die Kaulla am Bosporus antraf, erschien ihm eine Zusammenarbeit mit englischen und italienischen Gruppen sinnvoll. Die Botschafter Großbritanniens, Italiens und des Deutschen Reiches verständigten sich schließlich darüber, daß eine unter Führung der Deutschen Bank stehende Gesellschaft eine Bahnlinie von Konstantinopel bis nach Ankara (Angora) bauen sollte. Die englische Seite sah in einem deutschen Engagement in der Türkei zum einen einen willkommenen Ausgleich zur wirtschaftlichen Vormachtstellung Frankreichs, zum anderen eine Eindämmung der russischen Expansionsbestrebungen im Nahen Osten.

Konstantinopel um 1880

Der englische Botschafter White unterstützte hinter den Kulissen die deutschen Pläne, und das Angebot Vincent Caillards, englisches Kapital zu mobilisieren und an dem Unternehmen zu beteiligen, war sowohl der englischen wie auch der deutschen Seite willkommen. Diese Lösung kam auch der Bismarckschen Strategie entgegen: »In den Sachen wird unsere Aufgabe sein, die Rivalität zwischen Frankreich und England ihren Weg gehen zu lassen, gerade wie in Ägypten. Englands antifranzösische Interessen sind uns nützlich.« So notierte Bismarck auf einem Bericht des deutschen Botschafters in Konstantinopel, der ihm im Juli 1888 eingehend über die Zuspitzung des Kampfes um die kleinasiatischen Eisenbahnlinien berichtet hatte.

Nach der politischen Abklärung war der Weg für eine Konzessionserteilung an die Deutsche Bank frei. Zunächst mußte sie sich jedoch bereit erklären, für die Türkei eine Anleihe in Höhe von 30 Millionen Mark zu »günstigen Bedingungen« aufzulegen, damit diese die fälligen Raten der Kriegsentschädigung an Rußland zahlen konnte. Die Ottomanbank hatte einen entsprechenden Anleihewunsch des türkischen Finanzministers gerade abgelehnt. Die Anleihe wurde für die Sicherung ihres Zinsen- und Tilgungsdienstes mit Pfändern ausgestattet, wie etwa den Fischereiabgaben und den »Seidenzehnten« bestimmter Bezirke. Die Einziehung und Verwaltung sollte wiederum der türkischen Schuldenverwaltung übertragen werden.

Am 4. Oktober 1888 wurden die Konzessionsverträge für den Bau, die Verwaltung und den Betrieb der Eisenbahnlinie von Haidar Pascha nach Ankara – das damals noch Angora hieß – von der türkischen Regierung und von Alfred Kaulla, im Namen der Deutschen Bank, unterzeichnet. Kaulla telegraphierte nach Berlin: »Wir haben auf der ganzen Linie gesiegt. Eisenbahnfirman wurde mir heute verabfolgt. Administration de la Dette Publique hat mit aller Stimmen gegen diejenige der Franzosen zu unseren Gunsten entschieden und Anlehensvertrag wie projectirt contrasignirt.«

Die Deutsche Bank erwarb mit der Konzession zunächst die bereits existierende Linie von Haidar Pascha nach Ismid gegen Zahlung von 6 Millionen Francs. Sie erhielt außerdem die Bau- und Betriebskonzession für die 486 Kilometer lange Strecke von Ismid landein-

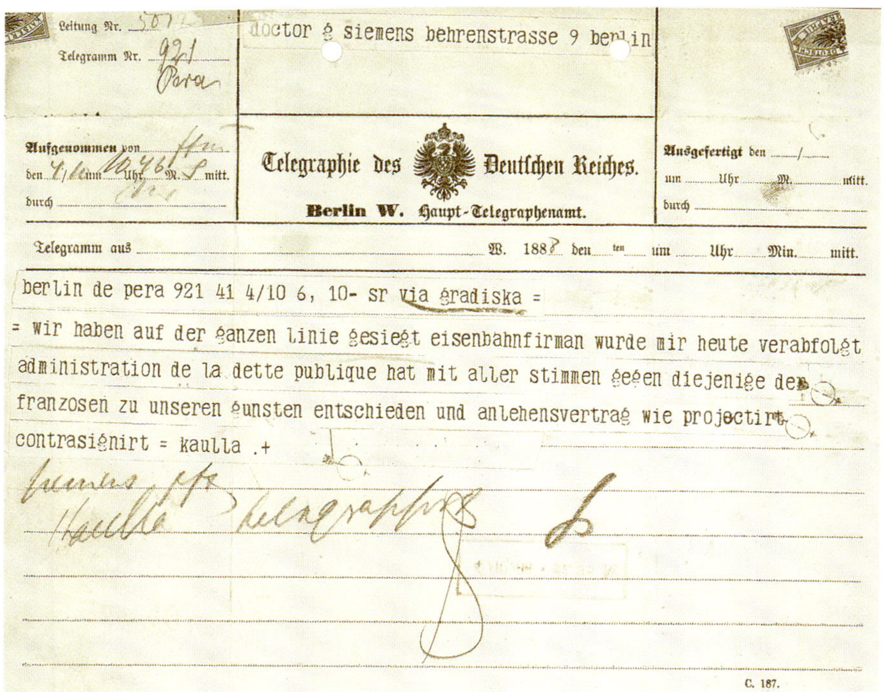
Leitung Nr. 507
Telegramm Nr. 921
Pera

doctor g siemens behrenstrasse 9 berlin

Aufgenommen von
den ... um ... Uhr ... M. ... mitt.
durch

Telegraphie des Deutschen Reiches.
Berlin W. Haupt-Telegraphenamt.

Ausgefertigt den ... / ...
um ... Uhr ... M. ... mitt.
durch

Telegramm aus ... W. 1888 den ... ten ... um ... Uhr ... Min. ... mitt.

berlin de pera 921 41 4/10 6, 10- sr via gradiska =
= wir haben auf der ganzen linie gesiegt eisenbahnfirman wurde mir heute verabfolgt administration de la dette publique hat mit aller stimmen gegen diejenige der franzosen zu unseren gunsten entschieden und anlehensvertrag wie projectirt contrasignirt = kaulla .+

C. 187.

Telegramm Alfred Kaullas vom 4. Oktober 1888

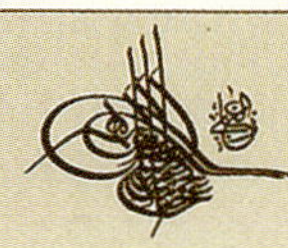

اذميد. تيمور يولنك انقره‌يه قدر تمديدى ايجون فى ٢٣ محرم سنه ١٣٠٦

تاريخيله شرفتسطير بيوريلان فرمان عالى صورتيدر

اذميد تيمور يولنك انقره‌يه قدر تمديدى ايجون امتياز اعطاسنه دائر ستوتقارده وور تمبركش
فرانسى بانق ديركتورى اولوب برلينده‌كى دايجه بانق ايله هيئت صرافيه‌سى نام وحسابنه حركت
ايدن موسيو الفرد قاوولا طرفندن وقوعبولان استدعا اوزرينه قرارلشديريلان شرائطى حاوى
تنظيم اولنان مقاوله نامه وشرطنامه امور تجارت ونافعه نظارتمزدن باب عاليمزه ارسال اولنمسيله
اولبابده مخصوصاً تشكيل قلنان قوميسيوندن قلمه النان مضبطه ايله برابر مجلس مخصوص وكلاى
فخامتمده لدى المطالعه مذكور مقاوله‌نامه‌نك مواد اساسيه‌سى اذميد خطنك مدت معينه‌سى ظرفنده
انقره‌يه قدر تمديديله خطك كچه‌جكى سنجاقلر واردات عشريه‌سندن تيموريولك حاصلات غير
صافيه‌سنك سنوى كيلومترو باشنه اون بشبيك فرانقه ابلاغى تأمين اولنمق واون بش بيك
فرانقدن فضله‌سنك يوزده يكرمى بشى خزينهٔ جليلهٔ ماليه‌مه عائد اولمق وحيدر پاشادن ازميده
قدر موجود اولان خط ايله ادوات ثابته ومحركه‌سى وتأسيسات ومتفرعات ومشتملاتنك
وازميدك ايلروسنده موجود عمليات ايله واقع اولدقلرى اراضينك دور وتسليمنده بونلره مقابل
حكومت سنيه‌مه التى مليون فرانق ويرلمك وحيدر پاشادن اذميده قدر ممتد خطك سنوى
كيلومترو باشنه حاصلات غير صافيه‌سى اون بيك اوچيوز فرانقه ابلاغ قلنمق ومذكور حيدر پاشا
خطنك اسكداره قدر تمديدى واسكدارك مبدأ خط اتخاذى لزومى اصحاب امتيازجه تحقق
ايلديكى حالده حكومت سنيه‌م ايله بالمذاكره خط مذكورك اسكداره قدر تمديدينه وخط
اصليدن بدأ ايله برى كوتاهيه‌يه وديكرى بروسه‌يه قدر ممتد اولمق وطرف حكومت سنيه‌مدن
بركونا تأمينات درعهده اولنميوب قبل الانشا خريطه ولايحه‌لرى حكومت سنيه‌مه اعطا وتبليغ ايله
عيناً ويا تعديلاً تصديق قلنمق اوزره ايكى شعبه انشاسنه صلاحيتلرى وانقره‌دن ايلرو تمديد
خطلرى انشا وايشلدلمسى ايجون شرائط متساويه ايله حق رجحانلرى اولمق خصوصاتيله

FIRMAN IMPÉRIAL

DE CONCESSION

DE LA SOCIÉTÉ DU CHEMIN DE FER OTTOMAN D'ANATOLIE.

A la suite de la demande adressée par Monsieur ALFRED KAULLA, Directeur de la *Württembergische Vereins Bank* de Stuttgart, agissant au nom et pour compte de la *Deutsche Bank* de Berlin et de son groupe, en vue d'obtenir la concession du prolongement de la ligne d'Ismidt jusqu'à Angora, une Convention et un Cahier des charges, contenant les conditions arrêtées avaient été préparés par Notre Ministère du Commerce et des Travaux Publics et envoyés à Notre Sublime-Porte. Mon Conséil des Ministres ayant pris connaissance des dits actes ainsi que du rapport dressé à cet égard par la commission formée *ad hoc*, il résulte des conditions principales de cette Convention que:

La ligne d'Ismidt sera, dans un délai déterminé, prolongée jusqu'à Angora, que les recettes brutes kilométriques de cette ligne seront assurées jusqu'à concurrence de 15,000 francs par an, par le produit des dîmes des sandjaks traversés par la ligne, que le 25 % de tout excédant au delà de 15,000 francs reviendront à Mon Trésor Impérial; que contre la remise de la ligne existante de Haïdar-Pacha à Ismidt, avec son matériel fixe et roulant, ses installations, dépendances et accessoires, ainsi que des travaux existant au delà d'Ismidt, avec les terrains sur lesquels ils sont situés, il sera versé 6,000,000 de francs à Mon Gouvernement Impérial; que pour la ligne de Haïdar-Pacha à Ismidt les recettes brutes kilométriques annuelles seront parfaites jusqu'à concurrence de 10,300 francs; que dans le cas où les concessionnaires reconnaîtraient la nécessité de prolonger la ligne de Haïdar-Pacha jusqu'à Scutari, et d'y établir la tête de la ligne, ils auront la faculté de prolonger la dite ligne jusqu'à Scutari, après entente avec Mon Gouvernement Impérial; ils auront également la faculté de construire deux embranchements se détachant de la ligne principale pour aboutir l'un à Kutahia et l'autre à Brousse, sans que Mon Gouvernement Impérial assume aucune garantie pour ces deux embranchements, et à la condition pour eux d'en présenter, avant de procéder à la construction, les plans et projets à Mon Gouvernement Impérial qui les approuvera tels quels ou après les avoir modifiés;

Auszug aus den Konzessionsverträgen für die Anatolische Eisenbahn in osmanischer und französischer Sprache

wärts nach Ankara. Die Konzessionsdauer betrug 99 Jahre und wurde später im Einklang mit der Konzession für die Bagdadbahn verlängert. Um dem Eisenbahnunternehmen auch für die schwierige Zeit der Entstehung eine angemessene Rendite zu sichern und so die Aufbringung der erforderlichen Kapitalien zu ermöglichen, übernahm die türkische Regierung gegenüber dem Konzessionär eine »Kilometergarantie«, das heißt sie hatte je fertiggestellten Kilometer jährlich Beträge in einer festgelegten Höhe zu zahlen, soweit die Einnahmen aus dem Betrieb der Bahn jene Summen nicht erreichten.

Diese garantierte Mindestbruttoeinnahme sollte zum einen die Betriebskosten, zum anderen die Verzinsung des investierten Kapitals decken. Für die 92 Kilometer bis Ismid, die das englische Konsortium der Deutschen Bank verhältnismäßig billig überlassen hatte, wurde die Kilometergarantie auf 10300 Francs festgesetzt, für die 486 Kilometer lange Strecke von Ismid nach Ankara auf 15000 Francs. Als Sicherheit für die Garantiezahlungen verpfändete die türkische Regierung die Getreidezehnten der von den Bahnen durchzogenen Provinzen Ismid und Ankara, deren Einziehung und Verwaltung dem Verwaltungsrat der türkischen Staatsschulden übertragen wurde.

Nach dem großen Interesse, das der britische Botschafter in Konstantinopel an dem Bahnprojekt bekundet hatte, und auch nach den verschiedenen Gesprächen mit britischen Finanziers hatte die Deutsche Bank fest damit gerechnet, daß englische Banken sich an der Finanzierung der Eisenbahn beteiligen würden. In dieser Hoffnung sah sie sich jedoch getäuscht. Zwischen diplomatischem Vorgeplänkel und der konkreten Lösung finanzieller Fragen klaffte eine Lücke. Die Londoner City Banks zeigten Georg von Siemens die kalte Schulter. Weder Vincent Caillard noch dem englischen Finanzier Sir Ernest Cassel, an den Caillard inzwischen seine Rechte aus dem »Vorvertrag« abgegeben hatte, noch der britischen Regierung gelang es, englisches Kapital für die geplante Anleihe zu gewinnen.

Carl Fürstenberg, persönlich haftender Gesellschafter der Berliner Handels-Gesellschaft von 1883 bis 1931

Auch bei deutschen Kreditinstituten fanden Georg von Siemens und sein Vorstandskollege Max Steinthal keine große Unterstützung. Die Geschäftsinhaber der Disconto-Gesellschaft, Adolph Salomonsohn und Alfred Lent, sandten eine diplomatisch-elegante Ablehnung. Die führenden Privatbankiers, Mendelssohn und Bleichröder in Berlin, blieben ebenfalls fern. Carl Fürstenberg, den Chef der Berliner Handels-Gesellschaft, suchte Siemens persönlich in dessen Villa im Berliner Tiergartenviertel auf. Das Anwesen wurde gerade für den frisch vermählten Fürstenberg umgebaut, und Siemens erklomm »mit Windeseile die Sprossen einer Leiter, die während des Umbaus den Zusammenhang zwischen dem ersten und dem zweiten Geschoß herstellte«, und setzte Fürstenberg auseinander, »welche großen Möglichkeiten, seiner Ansicht nach, der nahe Orient für Deutschland biete«. – So schildert Fürstenberg in seinen Erinnerungen die Bemühungen, ihn für das Bahnprojekt zu gewinnen.

Bevor die Berliner Handels-Gesellschaft eine Beteiligung an derartigen Geschäften einging, erschien es Fürstenberg jedoch sinnvoll, sich die Verhältnisse an Ort und Stelle anzusehen. Er fuhr auf seiner Hochzeitsreise nach Konstantinopel und inspizierte im Jahre 1889 den Bahnhof in Haidar Pascha, den Ausgangspunkt der Bahn. Seine Eindrücke waren niederschmetternd: »Man hatte mir erzählt, daß für die Inanspruchnahme der neuen Bahnlinie die Ablösung der bis dahin bestehenden uralten Karawanenstraße eine große Bedeutung haben würde. Als ich mich nun dem Ort näherte, an dem diese Straße das Meer berührte, hoffte ich, einen fortgesetzten Zug von umfangreichen Karawanen aus dem Landesinnern eintreffen zu sehen. Ich mußte aber einige Zeit warten, bis auch nur die ersten vereinzelten Kamele mit ihren Warenballen sichtbar wurden, die dann mit lautem Geschrei niederknieten, um sich ihrer Bürde entledigen zu lassen. Das alles machte auf mich einen so weltentlegenen und von europäischen Wirtschaftsbegriffen so weit abweichenden Eindruck, daß der ursprünglich bei mir vorhandene Enthusiasmus ziemlich stark abflaute.« Auch die Art der Finanzierung, die eine langfristige Bindung der Berliner Handels-Gesellschaft erfordert hätte, erschien Fürstenberg nicht wünschenswert. Er entschloß sich daher, das Orientgeschäft mit nur geringen Mitteln zu unterstützen.

Schließlich beteiligten sich neben der Deutschen Bank ausschließlich eng befreundete Institute an dem Konsortium, das im November 1888 die fünfprozentige ottomanische Staatsanleihe in Höhe von 30 Millionen Mark emittierte: Robert Warschauer & Co., Berlin, die Deutsche Vereinsbank, Frankfurt am Main, die Berliner Handels-Gesellschaft und natürlich die Württembergische Vereinsbank in Stuttgart. Die Anleihe, die zum Kurs von 77 Prozent zur Zeichnung aufgelegt wurde, konnte erfolgreich auf dem deutschen Kapitalmarkt untergebracht werden. Ihr Zinsendienst war durch spezielle Sicherheiten abgedeckt und der Administration der »Dette Publique« unterstellt.

Otto von Kühlmann,
Generaldirektor der Anatolischen
Eisenbahn-Gesellschaft
von 1889 bis 1897

DIE ANATOLISCHE EISENBAHN-GESELLSCHAFT

Die Deutsche Bank übertrug die Bau- und Betriebskonzession für die Eisenbahn einer Aktiengesellschaft türkischen Rechts, der »Société du Chemin de Fer Ottoman d'Anatolie«, der »Anatolischen Eisenbahn-Gesellschaft«, die am 4. März 1889 mit Sitz in Konstantinopel gegründet wurde. Die Leitung der neuen Gesellschaft übernahm Otto von Kühlmann (1834–1915), der als Direktor der Orientalischen Eisenbahnen des Barons Moritz von Hirsch mit dem türkischen Eisenbahnwesen sowie mit den speziellen politischen und kulturellen Verhältnissen der Türkei besonders vertraut war. Kühlmann blieb bis zum Jahre 1897 im Vorstand der Anatolischen Eisenbahn-Gesellschaft, danach war er bis zu seinem Tode Mitglied des Aufsichtsrats. Aufsichtsratsvorsitzender wurde Georg von Siemens, der dieses Amt bis 1901 innehatte.

Das Aktienkapital der Anatolischen Eisenbahn-Gesellschaft wurde zunächst auf 45 Millionen Francs festgesetzt. Hierauf wurden bei der Gründung 10 Prozent, später weitere 50 Prozent eingezahlt. Die Aktien kamen nicht auf den Markt, sondern blieben noch länger als ein Jahrzehnt in den Händen des Konsortiums. Sie stellten – im Gegensatz zu den Obligationen, die durch die türkische Staatsgarantie für die Bruttoeinnahmen der Bahn hinreichend gesichert erschienen – ein nicht zu unterschätzendes Risiko dar.

Das Baukapital wurde zum größten Teil durch die Ausgabe von Obligationen der Anatolischen Eisenbahn-Gesellschaft aufgebracht. Die Baukosten, einschließlich der umfangreichen Sanierungsarbeiten an der Strecke Haidar Pascha–Ismid, waren mit rund 70 Millionen Francs veranschlagt worden. Die Aufwendungen für das rollende Material sowie die Ausstattung mit sonstigen Betriebsmitteln erhöhten diese Summe auf zirka 100 Millionen Francs, das entsprach damals etwa 81 Millionen Mark. Um die Deckung, soweit sie nicht bereits durch Einzahlung auf die Aktien erfolgt war, sicherzustellen, gab die Anatolische Eisenbahn-Gesellschaft fünfprozentige in Gold verzinsliche Obligationen im Nennwert von 80 Millionen Francs (= 3,2 Millionen Pfund = 65,2 Millionen Mark) aus, die im Jahre 1890 zur Zeichnung aufgelegt wurden. In bescheidenem Umfang

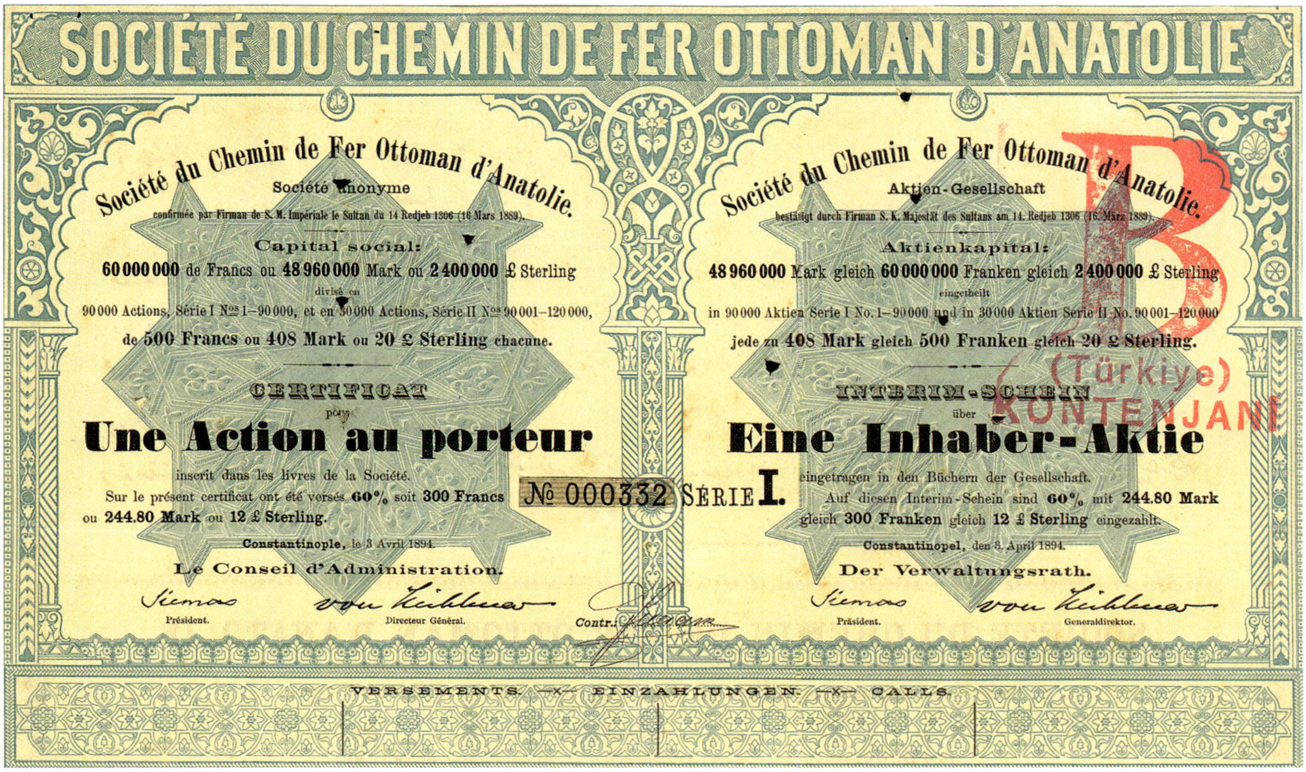

SOCIÉTÉ DU CHEMIN DE FER OTTOMAN D'ANATOLIE

Société du Chemin de Fer Ottoman d'Anatolie.
Société Anonyme
confirmée par Firman de S. M. Impériale le Sultan du 14 Redjeb 1306 (16 Mars 1889).
Capital social:
60 000 000 de Francs ou 48 960 000 Mark ou 2 400 000 £ Sterling
divisé en
90 000 Actions, Série I Nos 1–90 000, et en 30 000 Actions, Série II Nos 90 001–120 000,
de 500 Francs ou 408 Mark ou 20 £ Sterling chacune.
CERTIFICAT
pour
Une Action au porteur
inscrit dans les livres de la Société.
Sur le présent certificat ont été versés 60% soit 300 Francs ou 244.80 Mark ou 12 £ Sterling.
Constantinople, le 3 Avril 1894.
Le Conseil d'Administration.
Président. Directeur Général.

№ 000332 SÉRIE I.

Contr.

Société du Chemin de Fer Ottoman d'Anatolie.
Aktien-Gesellschaft
bestätigt durch Firman S. K. Majestät des Sultans am 14. Redjeb 1306 (16. März 1889).
Aktienkapital:
48 960 000 Mark gleich 60 000 000 Franken gleich 2 400 000 £ Sterling
eingetheilt
in 90 000 Aktien Serie I No. 1–90 000 und in 30 000 Aktien Serie II No. 90 001–120 000
jede zu 408 Mark gleich 500 Franken gleich 20 £ Sterling.
INTERIM-SCHEIN
über
Eine Inhaber-Aktie
eingetragen in den Büchern der Gesellschaft.
Auf diesen Interim-Schein sind 60% mit 244.80 Mark gleich 300 Franken gleich 12 £ Sterling eingezahlt.
Constantinopel, den 3. April 1894.
Der Verwaltungsrath.
Präsident. Generaldirektor.

B (Türkiye) KONTENJAN

VERSEMENTS. —x— EINZAHLUNGEN. —x— CALLS.

Aktie der Anatolischen Eisenbahn-Gesellschaft von 1894

wirkte auch der Londoner Kapitalmarkt bei der Unterbringung der Obligationen mit. Der größte Teil wurde jedoch auf dem deutschen Kapitalmarkt untergebracht, der auch später die Finanzierung der Anatolischen Bahn fast allein trug.

DIE BANK FÜR ORIENTALISCHE EISENBAHNEN

Im Jahre 1890 übernahm die Deutsche Bank zusammen mit dem Wiener Bankverein die Aktien der »Betriebs-Gesellschaft der Orientalischen Eisenbahnen« aus dem Besitz des Barons von Hirsch und damit die Kontrolle über die Eisenbahnen im europäischen Teil des Osmanischen Reiches. Zugleich erreichte die Deutsche Bank im Oktober 1890 mit dem Erwerb der Bau- und Betriebskonzession für die Eisenbahn Saloniki–Monastir, einschließlich eines Vorrechts auf

Siegel der Anatolischen Eisenbahn-Gesellschaft und der Deutschen Bank

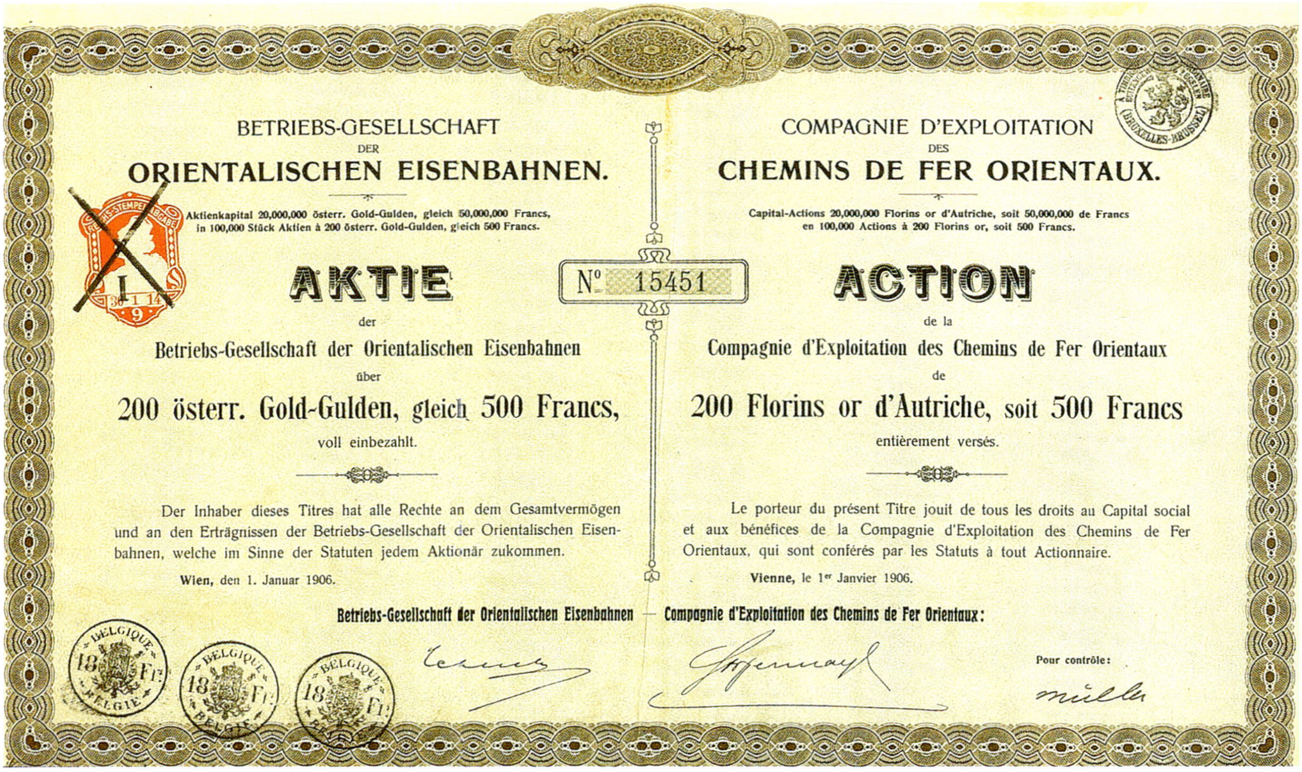
BETRIEBS-GESELLSCHAFT DER ORIENTALISCHEN EISENBAHNEN.

Aktienkapital 20,000,000 österr. Gold-Gulden, gleich 50,000,000 Francs, in 100,000 Stück Aktien à 200 österr. Gold-Gulden, gleich 500 Francs.

AKTIE der Betriebs-Gesellschaft der Orientalischen Eisenbahnen über 200 österr. Gold-Gulden, gleich 500 Francs, voll einbezahlt.

Der Inhaber dieses Titres hat alle Rechte an dem Gesamtvermögen und an den Erträgnissen der Betriebs-Gesellschaft der Orientalischen Eisenbahnen, welche im Sinne der Statuten jedem Aktionär zukommen.

Wien, den 1. Januar 1906.

COMPAGNIE D'EXPLOITATION DES CHEMINS DE FER ORIENTAUX.

Capital-Actions 20,000,000 Florins or d'Autriche, soit 50,000,000 de Francs en 100,000 Actions à 200 Florins or, soit 500 Francs.

ACTION de la Compagnie d'Exploitation des Chemins de Fer Orientaux de 200 Florins or d'Autriche, soit 500 Francs entièrement versés.

Le porteur du présent Titre jouit de tous les droits au Capital social et aux bénéfices de la Compagnie d'Exploitation des Chemins de Fer Orientaux, qui sont conférés par les Statuts à tout Actionnaire.

Vienne, le 1er Janvier 1906.

N° 15451

Betriebs-Gesellschaft der Orientalischen Eisenbahnen — Compagnie d'Exploitation des Chemins de Fer Orientaux:

Pour contrôle:

Aktie der Betriebs-Gesellschaft der Orientalischen Eisenbahnen von 1906

Rechte Seite: 3%ige Obligation der Société du Chemin de Fer Ottoman Salonique-Monastir von 1893

die Verlängerung zu einem albanischen Hafen an der Adria, eine wesentliche Erweiterung des Eisenbahnnetzes in der europäischen Türkei.

Mit der Anatolischen Eisenbahn, der Kontrolle der Orientalischen Eisenbahnen und der Mazedonischen Eisenbahnkonzession wurde in den folgenden Jahren im äußersten Südosten Europas und daran anschließend in Kleinasien ein entwicklungs- und ausdehnungsfähiges Eisenbahnnetz von zunächst rund 2000 Kilometer Streckenlänge gewissermaßen in einer Hand zusammengefaßt. Hinzu kamen die zahlreichen notwendigen Bauten wie Verwaltungsgebäude und Stationshäuser. Die finanziellen und technischen Details der Durchführung der Konzession, die organisatorischen Fragen der Einrichtung des Betriebes, dazu eine Fülle rechtlicher, administrativer, wirtschaftlicher und politischer Probleme erforderten eine einheitliche, fachkundige und gewissenhafte Bearbeitung. Es war vorauszusehen, daß die weitere Ausdehnung der Eisenbahn-

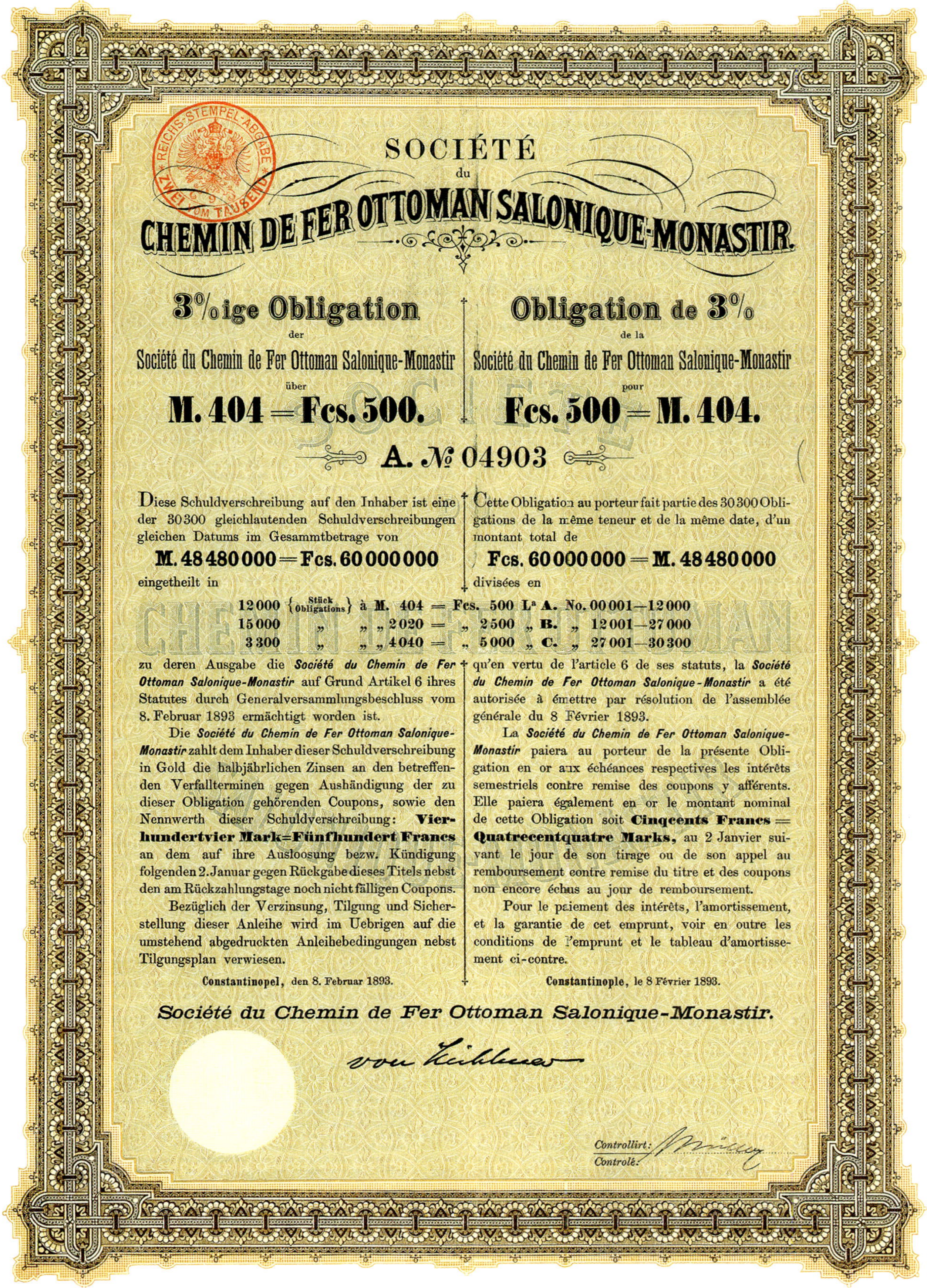

REICHS-STEMPEL-ABGABE ZWEI VOM TAUSEND

SOCIÉTÉ
du
CHEMIN DE FER OTTOMAN SALONIQUE-MONASTIR.

3%ige Obligation
der
Société du Chemin de Fer Ottoman Salonique-Monastir
über
M. 404 = Fcs. 500.

Obligation de 3%
de la
Société du Chemin de Fer Ottoman Salonique-Monastir
pour
Fcs. 500 = M. 404.

A. № 04903

Diese Schuldverschreibung auf den Inhaber ist eine der 30300 gleichlautenden Schuldverschreibungen gleichen Datums im Gesammtbetrage von

M. 48480000 = Fcs. 60000000

eingetheilt in

Cette Obligation au porteur fait partie des 30300 Obligations de la même teneur et de la même date, d'un montant total de

Fcs. 60000000 = M. 48480000

divisées en

12000	{Stück / Obligations}	à M. 404	= Fcs. 500	Lª A.	No.	00001—12000
15000	„	„ „ 2020	= „ 2500	„ B.	„	12001—27000
3300	„	„ „ 4040	= „ 5000	„ C.	„	27001—30300

zu deren Ausgabe die *Société du Chemin de Fer Ottoman Salonique-Monastir* auf Grund Artikel 6 ihres Statutes durch Generalversammlungsbeschluss vom 8. Februar 1893 ermächtigt worden ist.

Die *Société du Chemin de Fer Ottoman Salonique-Monastir* zahlt dem Inhaber dieser Schuldverschreibung in Gold die halbjährlichen Zinsen an den betreffenden Verfallterminen gegen Aushändigung der zu dieser Obligation gehörenden Coupons, sowie den Nennwerth dieser Schuldverschreibung: **Vierhundertvier Mark=Fünfhundert Francs** an dem auf ihre Ausloosung bezw. Kündigung folgenden 2. Januar gegen Rückgabe dieses Titels nebst den am Rückzahlungstage noch nicht fälligen Coupons.

Bezüglich der Verzinsung, Tilgung und Sicherstellung dieser Anleihe wird im Uebrigen auf die umstehend abgedruckten Anleihebedingungen nebst Tilgungsplan verwiesen.

Constantinopel, den 8. Februar 1893.

qu'en vertu de l'article 6 de ses statuts, la *Société du Chemin de Fer Ottoman Salonique-Monastir* a été autorisée à émettre par résolution de l'assemblée générale du 8 Février 1893.

La *Société du Chemin de Fer Ottoman Salonique-Monastir* paiera au porteur de la présente Obligation en or aux échéances respectives les intérêts semestriels contre remise des coupons y afférents. Elle paiera également en or le montant nominal de cette Obligation soit **Cinqcents Francs = Quatrecentquatre Marks**, au 2 Janvier suivant le jour de son tirage ou de son appel au remboursement contre remise du titre et des coupons non encore échus au jour de remboursement.

Pour le paiement des intérêts, l'amortissement, et la garantie de cet emprunt, voir en outre les conditions de l'emprunt et le tableau d'amortissement ci-contre.

Constantinople, le 8 Février 1893.

Société du Chemin de Fer Ottoman Salonique-Monastir.

Controllirt:
Controlé:

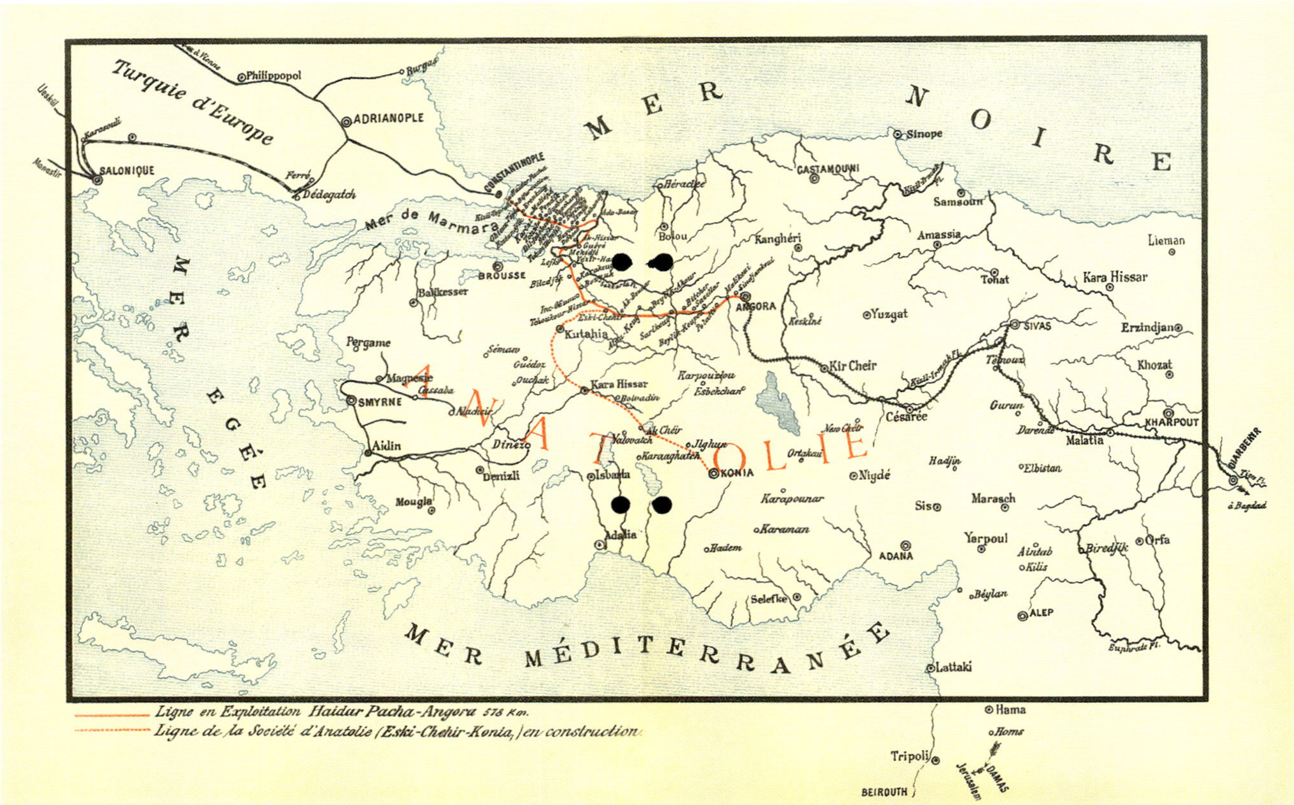

Das anatolische und das makedonische Eisenbahnnetz um 1900

unternehmungen nicht nur durch Neuausgabe von Obligationen durchzuführen war, sondern daß hierzu auch die Schaffung neuer Aktien und gelegentlich, wenn der Absatz der Obligationen auf Schwierigkeiten stieß, umfangreiche Bauvorschüsse notwendig sein würden. Schon aus Gründen der Kontrolle über die einzelnen Eisenbahnunternehmungen war auch das Festhalten eines größeren Aktienbesitzes ratsam.

Die Deutsche Bank erwog daher die Schaffung einer Dachorganisation, die die deutschen Kapitalinteressen zusammenfassen sollte. Der Plan fand sowohl beim Wiener Bankverein als auch bei der Schweizerischen Kreditanstalt, mit der Siemens sich in Verbindung setzte, eine positive Resonanz: Am 1. Oktober 1890 gründeten die drei Banken die »Bank für Orientalische Eisenbahnen« mit Sitz in Zürich. Das Grundkapital betrug 50 Millionen Franken in Stammaktien mit zunächst 20prozentiger Einzahlung. Daneben gab es

PROSPECTUS

über

nom. Frs. 63,000,000 = 50,967,000 Reichsmark

$4^1/_2$ % Obligationen

der

Bank für Orientalische Eisenbahnen in Zürich.

Die „**Bank für Orientalische Eisenbahnen**" ist durch Beschluss der konstituirenden Generalversammlung vom 1. Oktober 1890 als eine Aktiengesellschaft mit **Sitz** in **Zürich** und auf **unbestimmte Dauer** begründet und unterm 1. November 1890 ins Handelsregister eingetragen worden.

Der Verwaltungsrath besteht aus wenigstens zehn, höchstens sechszehn Mitgliedern, wovon mindestens vier ihren ständigen Wohnsitz in der Schweiz haben müssen.

Zur Zeit besteht der Verwaltungsrath aus den Herren:

Abegg-Arter, Präsident der *Schweizerischen Kreditanstalt* in Zürich.
Th. Spühler, Direktor „ „ „ „ „
C. Staehelin-Bucknor, Vizepräsident der *Basler Handelsbank* in Basel.
Dr. *C. W. von Graffenried*, Generaldirektor der *Eidgenössischen Bank* in Bern.
August Léon, Bankier in Brüssel.
Moriz Bauer, Direktor des *Wiener Bankvereins* in Wien.
Alfred Kaulla, Direktor der *Württembergischen Vereinsbank* in Stuttgart.
Karl Schrader, Reichstagsabgeordneter in Berlin.
Eugen Gutmann, Konsul, Direktor der *Dresdner Bank* in Berlin.
Marcus M. Goldschmidt, Präsident der *Deutschen Vereinsbank* in Frankfurt a. M.
Dr. *G. Siemens*, Direktor der *Deutschen Bank* in Berlin.
Aubaret, altern. Präsident der Türkischen Staatsschuldenkommission in Konstantinopel.
V. Caillard, altern. „ „ „ „ „ „
von Princig, Mitglied „ „ „ „ „
Gerlich, „ „ „ „ „ „

Das **Grundkapital** beträgt 63,000,000 Franken, eingetheilt in

a) 13,000 auf den Inhaber lautende volleinbezahlte Vorzugsaktien à Fr. 1000, welche aus dem jährlichen Reingewinne zu einem Course bis 115 % zurückgekauft oder mit 115 % verloost werden dürfen, = Fr. 13,000,000. —,
b) 50,000 auf den Namen lautende, in Certifikaten von je fünf Aktien ausgegebene Stammaktien à Fr. 1000 = ... „ 50,000,000. —,
auf welch letztere 20 % = Fr. 10,000,000 baar einbezahlt, während für die restlichen 80 % Verpflichtungsscheine der Aktionäre deponirt sind.

Die Eröffnungsbilanz der Bank stellt sich somit:

Activa.		Passiva.	
Kassenbestand, ausstehende Forderungen	Fr. 23.000.000	Stammaktien	Fr. 50.000.000
Nachzahlungsverpflichtungen der Stamm-Aktionäre	„ 40.000.000	Vorzugsaktien	„ 13.000.000
	Fr. 63.000.000		Fr. 63.000.000

Das Aktienkapital kann durch Beschluss der Generalversammlung erhöht werden.

Die Gesellschaft ist nach § 15 ihrer Statuten berechtigt, eigene auf den Inhaber lautende **Obligationen bis zur Höhe des Nominalbetrages ihres jeweiligen Aktienkapitals auszugeben.**

Gemäss § 3 der Statuten ist der **Zweck** der Gesellschaft:

„Die Uebernahme und Durchführung aller Arten von Finanzgeschäften, welche mit dem Bau und Betrieb von Eisenbahnen oder andern der Förderung des Verkehrs dauernd dienenden Einrichtungen im Orient (Osteuropa und asiatische Türkei) zusammenhängen.

„Die Gesellschaft ist insbesondere auch berechtigt, sich an bereits bestehenden oder neu entstehenden Bau- und Betriebsgesellschaften für Eisenbahnen oder andere Verkehrseinrichtungen im Orient zu betheiligen, sei es, dass sie Aktien derselben erwirbt, oder dass sie denselben Gelder für den Bau oder Betrieb von Eisenbahnen oder andern Verkehrseinrichtungen darleiht, oder endlich, dass sie bereits bestehende, vom Bau oder Betrieb von Eisenbahnen oder andern Verkehrseinrichtungen herrührende Forderungen an solche Gesellschaften oder an Staaten, Provinzen oder Gemeinden von Dritten erwirbt."

In Uebereinstimmung hiemit und gestützt auf diesfällige, in den Statuten ausdrücklich enthaltene Ermächtigung hat die Gesellschaft von der *Deutschen Bank* in Berlin und dem *Wiener Bankverein* in Wien durch Kaufvertrag vom 1. Oktober 1890 und Cessionen vom 24. November 1890 erworben:

a) achtundachtzigtausend Stück Actien der *Betriebsgesellschaft der Orientalischen Eisenbahnen* von nominal Fr. 500, einbezahlt mit je Fr. 400, nebst laufender Dividende seit 1. Januar 1890;
b) zwei auf die *Deutsche Bank* und den *Wiener Bankverein* übergegangene Forderungen an die gleiche Betriebsgesellschaft der Orientalischen Eisenbahnen, nämlich:
1. eine Forderung von restlich Fr. 21,978,813. 10, nebst Zins à 7 % seit 31. Dezember 1889, herrührend von einem der erwähnten Betriebsgesellschaft durch Herrn *Baron von Hirsch* unterm 28./29. Dezember 1885 und 18./23. August 1887 gewährten Darleihen zur Erfüllung ihrer Verpflichtung aus dem zwischen ihr und der Ottomanischen Regierung unterm 10./22. Dezember 1885 geschlossenen Uebereinkommen;
2. eine Forderung von restlich Fr. 19,790,162. 29, nebst Zins à 5 % seit 31. Dezember 1889, herrührend aus einem weiteren, der genannten *Betriebsgesellschaft der Orientalischen Eisenbahnen* von Herrn *Baron von Hirsch* unterm 17. März und 22. Oktober 1889 gemachten Darleihen, gemäss Vertrag vom 9. März, 15. Oktober und 16. Oktober 1889 und 28. Februar 1890.

Börsenprospekt für die Obligationen der Bank für Orientalische Eisenbahnen von 1891

13 Millionen voll gezahlte Vorzugsaktien. Die Aktien selbst kamen nicht auf den Markt, sondern blieben ausschließlich im Besitz der Gründerbanken und ihrer Unterbeteiligten. Erst im Jahre 1907 wurde ein Teil in der Schweiz auf den Markt gebracht.

Das neue Unternehmen war keine Bank im eigentlichen Sinne, sondern eine Finanzholding für Eisenbahnwerte und eine Finanzierungsgesellschaft. Die Bank für Orientalische Eisenbahnen übernahm als erstes Aktivum die von der Deutschen Bank und dem Wiener Bankverein gerade erworbenen Aktien der »Betriebs-Gesellschaft der Orientalischen Eisenbahnen«, später große Teile der Aktien der »Eisenbahn-Gesellschaft Saloniki–Monastir«. Darüber hinaus wirkte die Bank für Orientalische Eisenbahnen bei Kapitalerhöhungen der Anatolischen Eisenbahn-Gesellschaft mit und beteiligte sich an deren Tochterunternehmungen, zum Beispiel beim Ausbau des Hafens und des Bahnhofs von Haidar Pascha, für die eigene Gesellschaften errichtet wurden. Auch bei der Finanzierung der Bagdadbahn spielte sie eine große Rolle, indem sie größere Beträge von Bagdadbahn-Obligationen übernahm und die Anatolische Eisenbahn-Gesellschaft instand setzte, der Bagdadbahn-Gesellschaft umfangreiche Vorschüsse zu gewähren.

Die neue Form der Finanzierungsgesellschaften mit Sitz in der Schweiz, die in diesen Jahren entstanden, erwiesen sich nicht nur für das internationale Geschäft der deutschen Banken als überaus nützlich. Auch die deutsche Elektroindustrie gründete in den neunziger Jahren des 19. Jahrhunderts zusammen mit ihren verbundenen Bankgruppen eigene Spezialinstitute nach Schweizer Recht. Die neue Rechtsform löste einige Probleme: Es war deutschen Banken vorher nur schwer möglich, langfristige Investitionskonzepte zu verfolgen, denn sie benötigten im Hinblick auf ihre Bilanzen und Dividenden kurzfristige Gewinne.

DER BAU BEGINNT: VON KONSTANTINOPEL NACH ANKARA

Nachdem die Finanzierung des Bahnbaues gesichert war, stand die Frage der Bauausführung noch offen. Da deutsche Unternehmen damals nicht über die nötigen Erfahrungen für die Ausführung großer Eisenbahnbauten unter schwierigen ausländischen Verhältnissen verfügten, war Siemens geneigt, englische oder französische Bauunternehmen zu berücksichtigen. Verhandlungen mit dem englischen Bauunternehmer Pearson schlugen jedoch fehl. Schließlich gelang es, die französische Baugesellschaft des Grafen Vitali, die »Régie Générale des Chemins de Fer«, für die Bauausführung zu interessieren. Die Verbindung hatte wiederum Alfred Kaulla geknüpft: Sein »Freund und Studiengenosse« Otto Kapp war Chefingenieur dieser Gesellschaft.

Vitali fand sich vor allem bereit, den Bau der Gesamtstrecke zu einem festen, durch die Garantie gedeckten Höchstsatz zu übernehmen und dadurch die Anatolische Eisenbahn-Gesellschaft von jedem Baurisiko zu entlasten. Darüber hinaus gestand er zu, daß der größte Teil der an die europäische Industrie zu vergebenden Lieferungen (Schienen, Lokomotiven, Waggons etc.) bei deutschen Unternehmen bestellt werden sollte. Außerdem fügte sich Vitali einem besonderen Wunsch von Georg von Siemens: Dieser wollte ein deutsches Bauunternehmen für Aufgaben dieser Art im Ausland »heranschulen«. Siemens stellte deshalb die Bedingung, daß die der Deutschen Bank nahestehende Baufirma »Philipp Holzmann & Cie.« am Bau beteiligt werden müsse.

Die Régie Générale des Chemins de Fer und Philipp Holzmann gründeten daraufhin die neue »Gesellschaft für den Bau der Kleinasiatischen Eisenbahnen« mit dem Sitz in Frankfurt am Main. Sie errichtete noch im selben Jahr (1889) eine Filiale in Konstantinopel. Die Firma Holzmann gewann so die gewünschte praktische Erfahrung, die sie später beim Weiterbau nach Konya und Bagdad verwenden konnte. Dem Vorstand der auf fünf Jahre befristeten Baugesellschaft gehörten Graf Vitali und Philipp Holzmann an, den Vorsitz im Aufsichtsrat übernahm Georg von Siemens. Die Baustoffe für den Bau der Strecke von Ismid nach Ankara sollten zu zwei Dritteln aus Deutschland und zu einem Drittel aus dem Ausland bezogen werden.

Otto Kapp leitete von 1889 bis 1894 den Bau der Bahnstrecke von Ismid nach Ankara

Lokomotiven der Firmen Krauss, Maffei, Hannoversche Maschinenbau-Actien-Gesellschaft und der Maschinenfabrik Esslingen, die für die Bagdadbahn im Einsatz waren

Die Bauarbeiten machten unter der Leitung von Otto Kapp rasche Fortschritte. Die technischen Schwierigkeiten waren freilich erheblich: Die Bahn steigt aus der Ebene durch schroffes Felsgebirge bis zu einer Höhe von 876 Metern, um das anatolische Hochplateau zu erreichen. 16 Tunnel sowie eine Anzahl großer Brücken und Viadukte mußten gebaut werden. Dazu kamen umfangreiche Flußkorrekturen und Uferschutzbauten. Zu den Schwierigkeiten im Gelände kamen Probleme bei der Beschaffung und Behandlung von Arbeitskräften in einer dünn bevölkerten Region mit Menschen anderer Religion und anderen Sitten. Die Sicherheitsverhältnisse lagen im Argen, und »das Räuberwesen stand in hellem Flor«. Der Geschäftsbericht der Anatolischen Eisenbahn-Gesellschaft für das Jahr 1889 berichtete darüber: »Ausser den einheimischen Wechselfiebern grassirte unter den Beamten und Arbeitern in besonders heftiger Weise während der Herbstmonate das Denguefieber, welchem im Winter die nicht minder ausgebreitete Influenza folgte, was den Fortschritt der Arbeiten wesentlich verlangsamte, außerdem wurde der Verkehr im Innern des Landes durch die herrschende Epzootie [Viehseuche], sowie durch die durch räuberische Überfälle verursachte Unsicherheit der Straßen stark beeinträchtigt.« Und Arthur von Gwinner, der nach dem Tod von Georg von Siemens im Jahre 1901 für die Bagdadbahn zuständig war, schrieb 1909 in einem Artikel für die englische Monatszeitschrift *The Nineteenth Century and After:*

»Damals war man in Kleinasien seines Lebens kaum sicherer als heute in Kurdistan. Als die Ingenieure der Deutschen Bank nach einem Orte dicht hinter Ismid (Nikomedia) am Marmarameer kamen, wimmelte diese Gegend von tscherkessischen Räubern; das Haupt dieser Banden ist zur Zeit ein Bahnhofsvorsteher im Dienste der Anatolischen Eisenbahn mit einem Jahresgehalt von 100 Pfund und eine ebenso angesehene Person ...«

Am 2. Juni 1890 konnte die erste Teilstrecke *Ismid–Arifie* (41 Kilometer) dem Betrieb übergeben werden. Bei der Maschinenfabrik Esslingen waren hierfür »2 Maschinen mit Tender, 8 Personenwagen III. Klasse, 40 gedeckte und 20 offene Güterwagen« bestellt worden. Die Firma Rathgeber in München lieferte »6 Personenwagen I. und II. Klasse«. Großaufträge erhielten auch der Stahlkonzern Krupp für die Schienen sowie die Lokomotivfabriken Krauss und Maffei in München. Weitere Baumaterialien sowie Lokomotiven und Waggons wurden bei der Hannoverschen Maschinenbau-Actien-Gesellschaft, der Gutehoffnungshütte, dem Aachener Hüttenverein, der Maschinenfabrik Augsburg-Nürnberg sowie bei Borsig in Berlin in Auftrag gegeben. Von dem Unternehmen profitierten – neben der Baufirma Philipp Holzmann, die eng mit der Deutschen Bank verbunden war – nicht zuletzt auch die Industriekunden der beteiligten Banken.

Bereits 1890 wies Siemens im Reichstag auf den damit verbundenen volkswirtschaftlichen Nutzen hin: »Das Resultat der neuen Konstruktionen, die in den letzten Jahren der Arbeitsart des deutschen Kapitals gegeben [worden] sind, hat eine sehr starke oder verhältnismäßig starke Beschäftigung unserer Industrie in der Gegenwart zur Folge gehabt«, sagte er in der Debatte über das Freundschafts-, Handels- und Schifffahrtsabkommen zwischen dem Deutschen und dem Osmanischen Reich.

Im Juni 1890 nahm Siemens an den Eröffnungsfeierlichkeiten der ersten Teilstrecke teil. Sowohl die Finanzierung als auch die Bauausführung fanden Anerkennung bei den Türken, so daß der türkische Bautenminister in seiner Festrede verkündete: »Nous espérons que la Compagnie, répondant au désir de Sa Majésté, parviendra à prolonger la voie jusqu'à Bagdad.«

Der Bau ging zügig weiter: Am 15. Mai 1891 wurde die nächste Teilstrecke *Arifie–Biledjik* dem Verkehr übergeben, und am 31. Dezember 1892 hatte die Anatolische Eisenbahn Ankara erreicht. Insgesamt 578 Kilometer Bahnlinie mit 44 Stationen waren nunmehr in Betrieb. Die Verpflichtungen aus der ersten Konzession vom 4. Oktober 1888 konnten termingerecht in allen Punkten erfüllt werden.

DER WEITERBAU NACH KONYA

Während an der Bahnlinie nach Ankara noch gebaut wurde, wandte sich der türkische Sultan im August 1891 erneut an die Deutsche Bank, um nunmehr die Verlängerung der Anatolischen Eisenbahn vom bisherigen Endpunkt Ankara über Sivas in Richtung Bagdad vorzuschlagen. Georg von Siemens verhielt sich diesem Wunsch gegenüber wiederum sehr reserviert, da die Deutsche Bank bei Eisenbahnfinanzierungen in Nordamerika gerade leidvolle Erfahrungen gemacht hatte. Der Sultan wandte sich daher direkt an die deutsche Regierung. Diese zeigte in der Tat ein deutlich größeres Interesse an weiteren Eisenbahnbauten in der Türkei als vor drei Jahren und als die daran beteiligten deutschen Wirtschaftskreise. Um den Wünschen Abdul Hamids entgegenzukommen, schlug die Deutsche Bank vor, anstatt des Weiterbaus über *Sivas* eine Linie nach Südosten von *Eskischehir* (Eskişehir) nach *Konya* zu bauen. Diese Bahn erschien wirtschaftlich wesentlich lukrativer, da sie Anschluß an zwei zur Küste führende Stichbahnen bekommen konnte.

Man einigte sich schließlich auf einen Kompromiß, nämlich den Bau beider Strecken. Am 15. Februar 1893 erhielt die Anatolische Eisenbahn-Gesellschaft die Bau- und Betriebskonzession für die Linie *Eskischehir–Konya,* zugleich aber auch die – gar nicht erbetene – Konzession für eine Bahn von *Ankara* nach *Kayseri* sowie eine schrittweise

Verlängerung dieser Strecke nach *Diarbekir* und *Bagdad.* Zum ersten Mal wurde explizit die dem ganzen Unternehmen aus türkischer Sicht zugrundeliegende zentrale Idee einer Verbindung *Konstantinopel–Bagdad* ausgesprochen. Da jedoch die Bauverpflichtung für die zweite Strecke an eine bestimmte Höhe der Kilometergarantie gebunden war, über die sich die Beteiligten noch nicht geeinigt hatten, konnte die Anatolische Eisenbahn-Gesellschaft den Bau dieser wenig verlockenden Linie erst einmal hinausschieben. In der Tat wurden auch bis zum Ersten Weltkrieg keine Arbeiten in Angriff genommen.

Philipp Holzmann

Mit den Bauarbeiten für die Linie *Eskischehir–Konya* (445 Kilometer) konnte begonnen werden, nachdem die Schwierigkeiten mit der türkischen Schuldenverwaltung, die sich gegen neue Verpfändungen von Einnahmen für Eisenbahnzwecke ausgesprochen hatte, ausgeräumt waren. Zwar garantierte die türkische Regierung der neuen Linie wiederum eine Bruttoeinnahme in Höhe von 13 800 Francs pro Kilometer, aber die deutsche Gruppe mußte sich zu einer »Gegengarantie« entschließen: Die Anatolische Eisenbahn-Gesellschaft versicherte dem türkischen Staat, daß er aus dieser Garantie niemals mit mehr als 5000 Francs pro Kilometer in Anspruch genommen werden sollte. Die Höhe dieser »Gegengarantie« wurde freilich später zugunsten der Gesellschaft erleichtert. Nunmehr erhöhte die Anatolische Eisenbahn-Gesellschaft zur Beschaffung der Baugelder für die Konya-Linie ihr Grundkapital um 15 Millionen auf 60 Millionen Francs und beschloß die Ausgabe einer weiteren Obligationsanleihe in Höhe von 80 Millionen Francs.

Bei den Bauarbeiten für die Bahnlinie nach Ankara war es zwischen Vitali und der Anatolischen Eisenbahn-Gesellschaft zu Auseinandersetzungen gekommen, die eine weitere Zusammenarbeit ausschlossen. Im Frühjahr 1894 kamen daher alle Beteiligten überein, für den Zweck der Bauausführung abermals eine eigene Baugesellschaft zu gründen, dieses Mal jedoch ohne Mitwirkung der französischen Régie Générale des Chemins de Fer. Im März 1894 wurde die »Gesellschaft für den Bau der Eisenbahn Eskischehir-Konia GmbH« mit Sitz in Frankfurt am Main gegründet, deren technische Leitung allein bei der Firma Holzmann lag. Die Bauleitung vor Ort verblieb in den Händen des Baurats Ernst Mackensen, der bisher schon in un-

Ernst Mackensen leitete in den Jahren 1894–1909 den Bau der Strecke Eskischehir–Konya–Burgulu

Bauarbeiten an der Strecke
Eskischehir – Konya

mittelbaren Diensten der Anatolischen Eisenbahn-Gesellschaft den Bau dirigiert hatte.

Georg von Siemens bedauerte die Absage der französischen Gesellschaft sehr und schrieb am 7. Februar 1894: »Allerdings hat uns die Verbindung mit einem französischen Bauunternehmer nicht denjenigen akzessorischen Nutzen gebracht, den ich in den früheren Jahren doch sehr erhofft habe. Mir hatte von jeher daran gelegen, allen unseren Unternehmungen einen möglichst internationalen Charakter zu wahren. Die Entwicklung der Dinge hat es aber gefügt, daß sie national geworden sind, und die Gegnerschaft, die wir in Frankreich trotz der Beteiligung einer französischen Bauunternehmung fanden, hat den deutschen Chauvinismus so gestärkt, daß meine Widerstandskraft schließlich erlahmte.« Hier zeigte sich noch einmal der vorausschauende Blick von Siemens, der erkannte, daß Projekte in dieser Größenordnung und von dieser Bedeutung nur auf einer internationalen Basis durchgeführt werden konnten.

Die neue Baugesellschaft übernahm 1894 den Bau zu einem festen Höchstpreis und sicherte der Bahngesellschaft 40 Prozent einer etwaigen Ersparnis zu. Das Baumaterial und die gesamte Ausstattung der neuen Linie wurden so gut wie ausschließlich von der deutschen Industrie bezogen. Der Bau der Eisenbahn war eine be-

Ausflug der Baugesellschaft auf der anatolischen Hochebene (um 1900)

sondere technische Pionierleistung: Der rasche Fortschritt wurde zum Teil durch eine von Holzmann eigens konstruierte »Gleislegemaschine« erzielt. Und natürlich wurde auch gefeiert, gab es Betriebsausflüge der Mitarbeiter und ihrer Familien.

Am 20. Juli 1896, einige Wochen vor Ablauf des vertraglichen Termins, konnte die neue Strecke bis nach Konya in Betrieb genommen werden. Damit verfügte die Anatolische Eisenbahn-Gesellschaft über ein normalspuriges, allerdings eingleisiges Netz von rund 1020 Kilometern, das den zentralen Teil der kleinasiatischen Halbinsel erschloß und die Hauptstadt des türkischen Reiches gleichzeitig mit dem europäischen Verkehrssystem verband.

Zeittafel für den Bau der Anatolischen Eisenbahn

Strecke	Länge (in km)	Eröffnung
Haidar Pascha–Ismid	93	Oktober 1888
Ismid–Arifie	41	Juni 1890
Arifie–Eskischehir	182	Juni 1892
Eskischehir–Ankara	263	Dezember 1892
Eskischehir–Alayunt–Kutahia	77	Dezember 1894
Alayunt–Afyon	94	August 1895
Afyon–Konya	274	Juli 1896
Gesamtlänge	1024	

DIE KONZESSIONEN FÜR DIE BAGDADBAHN

Die Verhandlungen über die Weiterführung der Eisenbahn nach Bagdad nahmen die folgenden Jahre in Anspruch. Der diplomatische Kampf um den Erwerb weiterer Konzessionen für Nebenstrecken der Anatolischen Bahn sowie für den Weiterbau bis Bagdad wurde mit allen Mitteln fortgesetzt. Obwohl die Bahnprojekte ursprünglich rein technische und wirtschaftliche Vorhaben waren, so hatten sie doch, je weiter sie fortschritten, einen ausgesprochen politischen Charakter. In Konstantinopel entbrannte ein harter Interessenkampf, sowohl unter den verschiedenen interessierten Finanzgruppen als auch zwischen diesen und der türkischen Regierung. Die jeweiligen Konzessionsbewerber wurden dabei von ihrer diplomatischen Vertretung am Bosporus sowie von ihrer Heimatpresse und Öffentlichkeit unterstützt. Dabei waren alle Mittel recht: von Zweckabsprachen über bewußte Falschmeldungen bis hin zu Bestechungen und offenen Drohungen.

Die anderen europäischen Mächte beobachteten kritisch das deutsche Engagement in der Türkei und die Ausweitung der wirtschaftlichen Aktivitäten. Je weiter die Bahnbauten in Richtung Bagdad fortschritten, desto mehr berührten sie empfindlich andere

Das Streckennetz der Anatolischen Eisenbahn im Jahre 1896

Interessensphären. Ostanatolien und der Kaukasus waren russisches Einflußgebiet. Rußland intervenierte daher mehrfach massiv in Konstantinopel und drohte mit der sofortigen Einforderung der restlichen türkischen Kriegsschuld aus dem russisch-türkischen Krieg von 1877/78. Die türkische Regierung lenkte daraufhin ein, und der ursprüngliche Plan der Weiterführung der Eisenbahn über Ankara hinaus und dann nach Südosten in Richtung Bagdad wurde auch auf Grund der russischen Proteste fallengelassen. Die Trasse verlief statt dessen in südlicher Richtung über Konya nach Adana.

Hier waren jedoch englische und französische Interessen betroffen. Deren Bahnen von Smyrna nach Aydin bzw. nach Kassaba trafen im Falle eines Weiterbaus genau auf jene Gebiete, die nun die deutsche Linie erschließen sollte. Darüber hinaus würden Waren und Güter aus Europa nunmehr voraussichtlich über den Hafen und Bahnhof von Haidar Pascha umgeschlagen werden und nicht mehr über Smyrna. Diesem Hafen drohte daher Gefahr, seine führende Position an Haidar Pascha zu verlieren. Auch eine Gefährdung der englischen Stellung am Golf konnte mit dem Bahnbau durch Mesopotamien nach Bagdad nicht mehr ausgeschlossen werden.

Das deutsche Engagement in der Türkei erfuhr ab 1890 eine Belebung. Während Bismarck dem Bahnprojekt noch skeptisch-neutral gegenübergestanden und es als privatwirtschaftliches Unternehmen von nur geringer außenpolitischer Bedeutung eingestuft hatte, nahm das Interesse der deutschen Diplomatie an dem Vorhaben unter seinen Nachfolgern allmählich zu. Den Auftakt hierzu bildete wahrscheinlich schon die erste Orientreise Kaiser Wilhelms II. im November 1889. Bereits ein knappes Jahr später, am 26. August 1890, vertiefte Deutschland die Beziehungen zum Osmanischen Reich durch den Abschluß eines »Freundschafts-, Handels- und Schiffahrtsvertrages«.

Georg von Siemens plädierte im Dezember 1890 für die Annahme des Vertrages, da er davon ausging, »daß das Deutsche Reich sich damit starke Sympathien im Orient gewinnen wird«, zumal es – wie er noch ganz im Sinne der Politik des wenige Monate zuvor entlassenen Reichskanzlers Bismarck betonte – dort keine militärischen oder kolonialen Ambitionen habe: »Das Deutsche Reich und unsere deutsche Nation hat im Orient nichts zu erobern und nichts zu wünschen; wir haben nur ein Interesse an der Stabilisierung der dortigen Verhältnisse.«

Siemens sah durchaus die wirtschaftlichen Vorteile, die die Bahnkonzessionen von 1888 und 1893 gebracht hatten. Eine Beschränkung auf den Ausbau des bereits Erworbenen, eine Konsolidierungsphase, erschien ihm jetzt – nach der Fertigstellung des Eisenbahnbaus bis Konya – für einige Jahre sinnvoll: »Bei den noch sehr zweifelhaften und mißlichen Verhältnissen in der Türkei ist es das Wünschenswerteste, daß einstweilen *jeder* Weiterbau verhindert wird. Der Deutschen Bank wäre es sehr unerwünscht, ihr Risiko bei den Anatolischen Unternehmungen wieder erheblich zu erweitern. Läßt sich Weiterbau nicht vermeiden, so ist das Engagement tunlichst einzuschränken und auf lange Zeit zu verteilen«, so schrieb er im März 1898 an die Direktion der Anatolischen Eisenbahn-Gesellschaft.

Siemens zeigte daher gegenüber dem Sultan, der erneut und stärker auf die Fortsetzung der Bahnlinie bis Bagdad drängte, größte Zurückhaltung. Als die Deutsche Bank reserviert blieb, drohte Abdul Hamid, daß er notfalls einer französischen Gruppe die Konzession für die Verlängerung der Anatolischen Eisenbahn geben werde. Es war eine Drohung, die freilich keinen Eindruck auf die Deutsche Bank machte, denn sie hatte seit dem Bau der Linie Eskischehir–Konya wieder freundschaftliche Beziehungen zur »Banque Impériale Ottomane« aufgenommen, die mit ihrer Gruppe ja als einzige französische Gesellschaft für den Weiterbau in Betracht kam. Zu Beginn des Jahres 1898 ließ Siemens daher gegenüber der Ottomanbank verlauten, daß er größten Wert auf eine Zusammenarbeit lege.

Adolf Freiherr Marschall von Bieberstein, deutscher Botschafter in Konstantinopel von 1897 bis 1912

In den folgenden Jahren wandelte sich jedoch die Außenpolitik des Deutschen Reiches von der eher defensiv ausgerichteten europäischen Gleichgewichtspolitik Bismarcks zu dem immer offensiver geführten Kampf um einen »Platz an der Sonne«. Im Zuge dieser Entwicklung gewann der Eisenbahnbau im Osmanischen Reich zunehmend an politischem Gewicht. Mit dem Amtsantritt des Freiherrn Adolf Marschall von Bieberstein als neuem Botschafter des Reiches in Konstantinopel 1897 und vor allem mit der zweiten Orientreise Wilhelms II. im Jahre 1898 begann eine ganz neue Phase deutscher Orientpolitik. So schrieb Marschall, der sich zum Anwalt einer aktiven Orientpolitik machte, am 9. April 1898 an den Reichskanzler

Chlodwig Fürst zu Hohenlohe-Schillingsfürst, daß angesichts des »lebhafte[n] Wunsch[es] des Sultans, daß möglichst bald die Verlängerung der Anatolischen Bahn in der Richtung von Bagdad in Angriff genommen werde, in Verbindung mit der Tatsache, daß zurzeit verschiedene Eisenbahnprojekte nichtdeutscher Unternehmungen in Vorbereitung sind... für uns die Zeit des Zuwartens zu Ende geht und wir den Wünschen des Sultans nicht mehr wie bisher durch Ausdruck des guten Willens für die Zukunft, sondern durch tatsächliche Inangriffnahme gewisser Vorarbeiten, natürlich im Austausch gegen Konzessionen von türkischer Seite, entgegenkommen müssen«.

Auch der deutsche Kaiser begeisterte sich für die Idee der Bagdadbahn, von der er sich eine wesentliche Erweiterung des deutschen Einflusses im Nahen Osten auf wirtschaftlichem wie auf politischem Gebiet versprach.

DIE ORIENTREISE DES DEUTSCHEN KAISERS

Wilhelm II. machte im Herbst 1898 seine zweite Orientreise, auf der er Konstantinopel und anschließend das Heilige Land besuchte. Siemens nahm »mit einflußreichen Hofkreisen« Fühlung auf und lud den Kaiser am 23. August zu einem Besuch der Anatolischen Eisenbahn ein. Beide begegneten sich am 20. Oktober 1898 während einer kurzen Fahrt mit der Anatolischen Bahn das erste Mal persönlich. Siemens konnte jedoch keine längeren Gespräche mit dem Kaiser führen, sondern mußte sich damit begnügen, dem Staatssekretär im Auswärtigen Amt, Bernhard von Bülow, die Probleme der Eisenbahn zu schildern und diesen um Vermittlung beim Kaiser zu bitten. Es ging Siemens dabei um eine Beteiligung der Seehandlung, der preußischen Staatsbank, an der Anatolischen Bahn, gegen die sich Finanzminister Johannes von Miquel dezidiert ausgesprochen hatte.

Über sein kurzes Zusammentreffen mit Wilhelm II. berichtete Siemens in einem Brief an seine Frau distanziert, zum Teil mit unverhohlener Ironie: »Der Kaiser hat mich übrigens kühl behandelt. Während er mit allen andern sehr nett sich unterhielt... hat er sich mir gegenüber auf das nötigste beschränkt, während die Kaiserin

Die kaiserliche Jacht »Hohenzollern« in Konstantinopel

außerordentlich liebenswürdig war. Es scheint, daß er sich vorher nach mir erkundigt hatte. Immerhin ist er ganz nett gewesen, und ein gewöhnlicherer Sterblicher als ich würde noch immer von ›großer Gnade‹ usw. sprechen können und dürfen.« Der Kaiser verteilte freigebig Orden an die leitenden Männer der Anatolischen Eisenbahn-Gesellschaft, und auch Siemens erhielt den Roten Adler-Orden IV. Klasse – die niedrigste Stufe –, gegen dessen Verleihung er sich »nicht wehren« konnte, der ihn freilich auch »nicht besonders aufgeregt« habe. Ein Jahr später, noch vor der Unterzeichnung der Bagdadbahn-Verträge am 24. Dezember 1899, erhob ihn der Kaiser im November 1899 in den erblichen Adel.

Das Verhältnis des Vorstandssprechers der Deutschen Bank zum Kaiser blieb weiterhin eher schwankend, auch wenn Wilhelm II. ihn nach der »kühlen Behandlung« in Konstantinopel nun öfter zu Gesprächen heranzog. Im Januar und im März 1899 lud ihn der Kaiser zusammen mit Miquel und Bülow zum Tee, um sich über die Bagdadbahn zu informieren. Über die Bagdadbahn ließ er Siemens zu-

Empfang des deutschen Kaisers auf dem Bahnhof in Heréké am 20. Oktober 1898; in der Bildmitte Georg von Siemens

dem durch das Auswärtige Amt laufend und detailliert unterrichten. Häufig sandte er ihm diesbezügliche Berichte und Zeitungsausschnitte und bat ihn dazu um Stellungnahme.

Das Interesse des Kaisers an der Bagdadbahn nutzte der schlaue Abdul Hamid aus und erklärte beim Kaiserbesuch im Oktober 1898 seine definitive Bereitschaft, die Konzession für die Bagdadbahn an eine deutsche Gruppe zu vergeben. Der Kaiser nahm dieses Angebot erfreut auf. Friedrich Rosen, Referent für Orientsachen im Auswärtigen Amt und Begleiter Wilhelms II., berichtete darüber: »... es war sehr willkommen, als dem Kaiser die Konzession zum Weiterbau der Anatolischen Bahn von Konya zum Persischen Golf gewissermaßen als Gastgeschenk des Sultans dargeboten wurde. ... Nach allem, was der Kaiser in Konstantinopel über die glänzenden Ausblicke hörte, die dieses Unternehmen Deutschland eröffnen sollte,

Einweihung des Kaiser-Wilhelm-Brunnens in Konstantinopel (1898)

konnte er gar nicht daran zweifeln, daß er seinem Lande mit seiner Orientreise einen außerordentlichen Dienst erwiesen hatte ...«

Es kann als sicher gelten, daß deutsche Banken und Unternehmen durch den persönlichen Einsatz Wilhelms II. für die wirtschaftlichen Aktivitäten Deutschlands in der Türkei zu weiteren Schritten ermutigt wurden. Vor allem die Deutsche Bank geriet nun in Zugzwang. Hätte sie abgelehnt, so wäre die voreilige deutsche Diplomatie desavouiert gewesen, aber auch das eigene Ansehen hätte Schaden genommen, und das Verhältnis der Bank zu Wilhelm II. wäre empfindlich gestört worden. Georg von Siemens wurde wiederholt im Auswärtigen

Amt versichert, daß man das Eisenbahnprojekt »nach allen Richtungen hin« fördern und bei der türkischen Regierung unterstützen wolle. Der Kaiser sowie führende Politiker und Diplomaten wollten das Bagdadbahn-Unternehmen zu einem schnellen Abschluß bringen, während die wirtschaftlichen Kreise behutsamer vorgingen.

Siemens äußerte sich, trotz mehrfacher Aufforderungen des Auswärtigen Amtes, immer noch skeptisch, ja mit äußerster Zurückhaltung. »Baut er sie nun, oder baut er sie nicht?« so fragten sich seine engsten Mitarbeiter. Der damalige Staatssekretär im Auswärtigen Amt, Bernhard von Bülow, berichtete darüber in einem Bericht an den Kaiser vom 17. März 1899:

»Herr Siemens fügte indes im Hinblick auf die ihm gewordene Ermunterung zur rüstigen Inangriffnahme des Bahnbaus hinzu, daß er sich auf eine vorübergehend verlangsamte Realisierung seiner Pläne gefaßt machen müsse. Zwei Gründe seien es, welche ihn in diese Zwangslage versetzten.

Erstens stehe Kleinasien unter dem Unglück einer durch Kälte und Trockenheit hervorgerufenen vollständigen Mißernte. Infolge derselben hätten sich die Betriebseinnahmen der Anatolischen Bahnen auf den dritten Teil gegen das Vorjahr vermindert. Die Mißernte äußere ihre verderbliche Wirkung nicht allein auf die Einnahmen unserer Bahnen, sondern auch in besonders schädigender Weise auf die Eingänge der türkischen Steuern. Da diese zum Teil in Zehnten bestanden, so fielen sie an manchen Orten ganz aus.

Wilhelm II. in osmanischer Pascha-Uniform (Gemälde von Max Fleck)

Der Augenblick sei deshalb schlecht gewählt, um mit Vorschlägen wegen Leistung von Garantien, ohne welche der Bau nicht unternommen werden könne, an die Pforte heranzutreten.

Zweitens, so führte Herr Siemens weiter aus, lägen unsere heimischen Finanzverhältnisse gerade gegenwärtig nicht glücklich für das Unternehmen. Abgesehen von der bestehenden Versteifung des Geldmarktes vermag sich Herr Siemens der Befürchtung nicht zu erwehren, daß die von gewissen Kreisen ausgehende fortdauernde Bekämpfung ausländischer Anlagen einen abschreckenden Einfluß auf das Kapitalistenpublikum ausübe und dessen Aufnahmefähigkeit für Werte, wie die Anatolische Eisenbahn sie repräsentiert, schwäche. Im Interesse des Unternehmens hielte er deshalb ein gewisses Temporisieren für angebracht…«

INTERNATIONALE BAGDADBAHN?

Neue Aussichten eröffneten sich, als maßgebende finanzielle und politische Kreise Frankreichs in Sachen Bagdadbahn die Annäherung an Deutschland suchten. Der französische Botschafter am Goldenen Horn, Jean Antoine Ernest Constans, schlug dem deutschen Botschafter Marschall von Bieberstein eine »Entente« zwischen

Die Direktion der Banque Ottomane (sitzend)

deutschem und französischem Kapital vor. Der Schritt des französischen Botschafters kam für Siemens nicht überraschend. Vorausgegangen waren ihm erneute Sondierungen der Ottomanbank, denen gegenüber sich Siemens wohlwollend verhalten hatte.

Mit Zustimmung des Auswärtigen Amtes fanden am 5. und 6. Mai 1899 in Berlin Beratungen der Vertreter der Deutschen Bank, der Anatolischen Eisenbahn-Gesellschaft, der Ottomanbank, der Eisenbahngesellschaft Smyrna–Kassaba und der Baugesellschaft »Régie Générale des Chemins de Fer« statt. Das Ergebnis der Verhandlungen wurde in einem Protokoll niedergelegt, das die bestmögliche Führung der Anatolischen und der Smyrna-Kassaba-Bahn im gemeinsamen Interesse sowie eine Vereinbarung über die Fortsetzung der kleinasiatischen Bahnen in Richtung auf Bagdad und Basra als Ziele der Verständigung festlegte.

Zur Vorbereitung dieser Vereinbarungen sollten je zwei Mitglieder der deutschen Gruppe in den Verwaltungsrat der Smyrna-Kassaba-Bahn und der französischen Gruppe in den Verwaltungsrat der Anatolischen Eisenbahn-Gesellschaft entsandt werden. Darüber hinaus wurde der französischen Seite eine Beteiligung von 40 Prozent an der Bagdadbahn zugesagt, während die übrigen 60 Prozent in einer noch zu bestimmenden Proportion der Deutschen Bank und ihrer Gruppe verblieben.

Mit dieser deutsch-französischen »Entente« schien ein erster und entscheidender Schritt auf dem Wege einer »Internationalisierung« des Bagdadbahn-Unternehmens getan. Dagegen gelang es wiederum nicht, die Mitwirkung Englands zu erlangen. Siemens erschien eine Beteiligung englischen Kapitals nach wie vor unerläßlich, und er versuchte auch während der folgenden Jahre immer wieder, britische Finanzkreise zu gewinnen, um eine internationale Finanzierung der Bagdadbahn sicherzustellen. Doch sowohl das Foreign Office als auch die Londoner City Banks zeigten keine Bereitschaft, sich an dem Unternehmen zu beteiligen. Die großen englischen Banken verhielten sich ebenso reserviert wie zehn Jahre zuvor bei der Anatolischen Konzession. Auch das Bankhaus Morgan & Co., das zunächst Interesse bekundet hatte, winkte schließlich ab.

Am 29. Mai 1899 reichte Kurt Zander, der Nachfolger Kühlmanns im Vorstand der Anatolischen Eisenbahn-Gesellschaft, das

Kurt Zander (auf dem Wagen stehend), Generaldirektor der Anatolischen Eisenbahn-Gesellschaft von 1897 bis 1905, mit türkischen Würdenträgern

»Konzessionsgesuch für die Verlängerung der Anatolischen Eisenbahn von Konia nach Bagdad und Bassorah« im Sultanspalast ein. Die Deutsche Bank sprach sich darin für eine Verlängerung der Konya-Linie aus statt der vom Sultan favorisierten Trassenführung über Ankara. Die Bahnlinie über Konya war gegenüber der Strecke Ankara–Bagdad die kürzere und die im Bau und Betrieb billigere Verbindung. Eine »Studienkommission« sollte ferner an Ort und Stelle die technischen und wirtschaftlichen Verhältnisse prüfen. Auch der Sultan erklärte sich schließlich aufgrund der von ihm angeforderten militärischen Gutachten für den Bahnbau über Konya, der überdies eine schnelle Verbindung mit dem syrischen Bahnnetz erbrachte. Die Konya-Linie besaß außerdem noch den Vorteil, die russischen Einwände gegen die Bahn dadurch abzuschwächen, daß sie im Gegensatz zur Ankara-Linie weitab von der russisch-türkischen Grenze verlief.

Gleichwohl gab es noch Schwierigkeiten zu überwinden. Der Sultan übermittelte dem deutschen Kaiser einen Vorschlag, der das ganze Unternehmen auf eine neue Grundlage stellen sollte: die Erbauung der Bahn als Eigentum und auf Rechnung des türkischen Staates mit Geldern, die durch eine Staatsanleihe beschafft werden sollten, sowie den Abschluß eines Betriebsvertrages mit der Anatolischen Eisenbahn-Gesellschaft. Gegen diese Überlegungen wandte sich jedoch Siemens mit aller Entschiedenheit: »Ich wiederhole meine Überzeugung, daß die Bahn nur gebaut werden kann durch ein Privatunternehmen unter deutscher Führung, an welchem Deutschland, England und Frankreich beteiligt sind, sowohl hinsichtlich des Baues als hinsichtlich der Kapitalbeschaffung. Es muß eine Privatunternehmung sein, weil nur eine solche die für den Bau erforderlichen Mittel in den drei Ländern aufbringen kann und weil nur eine solche der anglo-indischen Regierung dasjenige Vertrauen einflößen wird, welches erforderlich ist, um derselben die anglo-indische Post anzuvertrauen. Ohne Post aber würde der Bahn der notwendige internationale Verkehr fehlen.«

Siemens griff mit der Frage der Postbeförderung auf das Gutachten der »Studienkommission« zurück, die sich hinsichtlich der wirtschaftlichen Zukunft der Bahn vorsichtig geäußert hatte: »Mit Bezug auf Warentransporte wird die Bahn mit den Schiffsverbindungen, ungeachtet der hohen Gebühren des Suezkanals, nicht zu konkurrieren vermögen, dagegen ist es nicht ausgeschlossen, daß sie für die Postbeförderung und den Passagierverkehr nach Indien und dem weiteren Osten in Betracht kommt.«

Nach der Zurückweisung des »Staatsbahngedankens« entschloß sich der Sultan, die Konzession mit den ursprünglich ins Auge gefaßten Grundlagen zu erteilen: Die Anatolische Eisenbahn-Gesellschaft erhielt am 26. November 1899 die »Vorkonzession« für die Bagdadbahn.

Am selben Tag schrieb Siemens an seinen Schwiegersohn: »Die anatolische Bahn wird ja augenblicklich von der deutschen Presse, welche sonst so wenig hat, in den Himmel gehoben. Aber als Geschäft? Du lieber Himmel! Da bleibt sie immer eine Nebensache wie der Club der Harmlosen. Mir persönlich war diese Bahn recht nützlich, weil seit dieser Zeit die Leute angefangen haben, an mich zu glauben, und das ist nützlich, wenn man ernsthaft große Dinge verfolgt; aber diese Bahn selbst ist nur ein toter Strang, und die Begeisterung S. Majestät für Mesopotamien ist ohne tieferen Wert für die deutschen Interessen.«

»DER BAGDADVERTRAG IST NUR EIN WISCH!«

Heiligabend 1899 verbrachte Georg von Siemens in Konstantinopel. Zusammen mit dem türkischen Arbeitsminister Zihni Pascha unterzeichnete er feierlich die Verträge. Freilich erst, nachdem die Deutsche Bank der in Geldkalamitäten steckenden türkischen Regierung erneut eine dringend benötigte Anleihe über 200 000 türkische Pfund zugesagt hatte. Die »Vorkonzession« für die Bagdadbahn legte im wesentlichen folgende Punkte fest: Die Anatolische Eisenbahn-Gesellschaft verpflichtete sich, innerhalb von acht Jahren eine Bahn von Konya nach Bagdad und Basra zu bauen; die türkische Regierung behielt sich das Recht vor, die Eisenbahnlinie jederzeit von der Anatolischen Eisenbahn-Gesellschaft zurückzukaufen. Wichtige Einzelheiten, wie etwa die Festlegung der Garantiehöhe der türkischen Regierung oder die genaue Streckenführung, blieben freilich einer späteren Regelung vorbehalten.

Weder im Vorstand der Deutschen Bank noch im Präsidium der Anatolischen Eisenbahn-Gesellschaft herrschte Siegesstimmung. Siemens kommentierte in Briefen an seine Vorstandskollegen in Berlin sarkastisch die Ereignisse in Konstantinopel:

»Sie werden mich für verrückt halten, wenn ich trotz unserer Verabredungen, trotz Panik auf allen europäischen Plätzen, trotz meiner schon seit März proklamierten Überzeugung von Börsenbaisse, amerikanischem Getreideimport usw. den Türken einen Vorschuß von 200 000 Ltq. = 3 800 000 Mark zu 7% geben will, während man zum gleichen Diskont Wechsel auf gute deutsche Häuser kaufen kann.

Der sogenannte Bagdadvertrag ist nur ein Wisch. Und doch bezahle ich 200 000 Ltq. dafür!

Man hatte mich hierher kommen lassen, um von uns Geld zu verlangen. Das von den Franzosen angebotene Geld (350 000 Ltq.) wollte man nicht nehmen, weil dasselbe an die Konzessionserledigung Hama-Biredjik gebunden war. Anfänglich habe ich pure abgelehnt. Aber die Angelegenheit nahm einen etwas politischen Charakter an. Wäre ich ohne Unterschrift des Vertrages wieder abgereist, so hätte es politische Cancans gegeben, Marschall hätte gehen müssen, die Franzosen hätten sich ins Fäustchen gelacht und die Anatolische

BAGDAD-VORKONZESSION.

Entre Son Excellence ZIHNI PACHA, Ministre du Commerce et des Travaux Publics, agissant au nom du Gouvernement Impérial,

d'une part,

et Monsieur le Docteur GEORGES VON SIEMENS, Président du conseil d'administration de la Société du Chemin de fer Ottoman d'Anatolie, agissant au nom de ladite Société,

d'autre part,

Il a été, en conformité de l'Iradé Impérial, émané à la suite d'une décision du Conseil des Ministres soumise à la Haute Sanction Souveraine, convenu ce qui suit:

La Société du Chemin de fer d'Anatolie s'engage à construire, dans un délai maximum de huit ans, et d'exploiter une ligne de Chemin de fer à largeur normale de 1 m. 44, partant de Konia et aboutissant par Bagdad à Bassorah, et ce aux conditions et garanties dont les modalités seront déterminées d'un commun accord entre la Sublime-Porte et ladite Société.

La Sublime-Porte reconnait qu'il est conforme aux intérêts publics d'accorder à la Société du Chemin de fer d'Anatolie la concession demandée.

Il est convenu que la Société fera procéder immediatement aux études nécessaires et soumettra au plus tôt à l'approbation de la Sublime-Porte les projets de convention et de cahier des charges.

La question des garanties sera discutée après l'achèvement des études, et sur la demande de la Société, en même temps que les autres conditions.

Il est entendu que la Société s'engage, dès-aujourd'hui, à ne jamais ni céder ni transférer à une autre Société quelconque, soit la ligne existante de Haidar Pacha à Angora et à Konia, soit celle à construire de Konia à Bagdad et Bassorah. — Le Gouvernement Impérial, de son coté, conserve également la faculté d'exercer à quelque époque que cela soit, son droit de rachat sur la ligne de Konia à Bassorah. — En cas de ce rachat, si le Gouvernement Impérial ne juge pas convenable d'exploiter par ses propres agents, il n'en cédera pas l'exploitation à une autre Compagnie, mais il promet de la faire exploiter par la Société d'Anatolie par voie de bail.

Die Bagdad-Vorkonzession, unterzeichnet am 24. Dezember 1899

Bahn hätte bei dem Sultan, der die Sache höchst persönlich und höchst leidenschaftlich betreibt, direkt und dauernd im Dreck gelegen.

So habe ich dem Druck der Botschaft nachgegeben. Man kann von den Anatoliern nicht verlangen, daß sie ihr Unternehmen ruinieren, weil die Deutsche Bank ihr Kontokorrentguthaben behalten möchte.«

Der Erwerb der Vorkonzession war vor allem ein politischer Erfolg, ein Erfolg zunächst mehr für den Kaiser und den deutschen Botschafter in Konstantinopel als für den nach wie vor skeptischen Siemens. Daß die Deutsche Bank schließlich die Konzession bekam, hatte vor allem zwei Gründe: Zum einen konnte sie Erfolge vorweisen. Die bisher konzessionierten Bahnen wurden nicht nur zu den vereinbarten Terminen fertiggestellt, sie übertrafen auch in wirtschaftlicher Hinsicht – einmal abgesehen von durch Mißernten oder anderen Naturkatastrophen bedingten Ausfällen – die in sie gesetzten Erwartungen. Zum zweiten wirkte sich der starke persönliche Einsatz des deutschen Kaisers und anderer Persönlichkeiten in der Führung des Reiches für das Orientprojekt aus.

Siemens stand der Bagdadbahn nach wie vor skeptisch gegenüber. Ein derartiges Unternehmen mußte in seinen Folgen klar abschätzbar sein, und eventuelle internationale Spannungen mußten kontrollierbar bleiben. Gefragt war eine Atmosphäre internationaler Kooperation, bei der alle Beteiligten, mehr oder weniger, profitieren konnten. Doch damit befand sich der freisinnige Bankier im Gegensatz zu Wilhelm II., dessen impulsiver Art er mißtraute, auch wenn er später den Kaiser im persönlichen Umgang durchaus schätzen lernte. Siemens blieb daher bei seiner Taktik, die finanztechnischen Probleme hervorzuheben und davor zu warnen, englischen und anglo-indischen Interessen allzusehr ins Gehege zu kommen. Dadurch gewann er Zeit.

Anfang April 1900 kehrte die Studienkommission zurück, die unter Leitung des deutschen Generalkonsuls in Konstantinopel, Wilhelm Stemrich, stand, und erstattete Siemens ihren Bericht über die geeignete Streckenführung. Für die Fortsetzung der Bahn nach Bagdad einigte man sich schließlich auf die Trasse von Konya über den Taurus nach Adana, von dort über den Amanus und den Euphrat in östlicher Richtung nach Mosul und weiter auf dem rechten Tigrisufer nach Bagdad. Die Bahnlinie weiter bis Basra war auf den verschiedenen dem Vorstand der Deutschen Bank vorliegenden Karten zwar eingezeichnet, doch hier handelte es sich wohl eher um eine Vision denn um ein konkretes Vorhaben. Basra und erst recht Kuwait reklamierten die Engländer als ihre ganz speziellen Einflußzonen für sich. Die Gesamtlänge dieses Netzes – neben der Hauptlinie waren verschiedene Zweiglinien vorgesehen – wurde auf rund 2500 Kilometer, die Baukosten auf etwa 550 Millionen Francs veranschlagt.

Wilhelm Stemrich, deutscher Generalkonsul in Konstantinopel und Leiter der Studienkommission für das Bagdadbahn-Projekt

Die außerordentliche Höhe der Kapitalien, die zum Bau der Bagdadbahn beschafft werden mußten, veranlaßte Siemens, sich um Unterstützung durch das Auswärtige Amt und die Seehandlung, die Preußische Staatsbank, zu bemühen. Der preußische Finanzminister Johannes von Miquel sympathisierte jedoch nicht mit dem Vorhaben und schob eine Entscheidung zunächst einmal hinaus. Die Deutsche Bank versuchte, Rückendeckung für die Begebung von Bagdadbahn-Obligationen und -Aktien zu erhalten, und verlangte daher eine Zusage der Seehandlung, als Zeichnungsstelle für eventuelle Anleihen aufzutreten. Die Antwort des damaligen Präsidenten der Seehandlung und späteren Reichsbankpräsidenten, Rudolf Havenstein, war negativ. Im Einverständnis mit seinem Vorgesetzten Miquel erklärte er, daß die vorgesehenen Geschäfte »nicht die volle Gewähr für Sicherheit und Rentabilität der in Anspruch genommenen Kapitalien darbieten« würden. Nach Interventionen des Staatssekretärs von Bülow, der das dezidierte Interesse des Kaisers erläuterte, sah sich Miquel schließlich veranlaßt, die Angelegenheit noch einmal zu überprüfen. Die Seehandlung erklärte sich daraufhin bereit, bei etwaiger Begebung von Obligationen als Zeichnungsstelle mitzuwirken.

Johannes von Miquel, von 1890 bis 1901 preußischer Finanzminister und zuständig für die Preußische Staatsbank

Das Entgegenkommen der Preußischen Staatsbank brachte Siemens auf den Gedanken, auch die Reichsbank als Zeichnungs- und Kouponstelle einzuschalten. Das Gespräch mit dem Reichsbankpräsidenten Richard Koch verlief jedoch negativ. Koch erklärte, selbst kaiserliches Interesse könne die Reichsbank nicht bewegen, von ihren Prinzipien abzugehen. Siemens ließ die Sache schließlich auf sich beruhen, um die sonstige gute Zusammenarbeit mit der Reichsbank nicht zu gefährden.

Ende des Jahres 1900 schien Siemens zudem der Zeitpunkt für einen neuen Versuch einer Verständigung mit England gekommen. Er entschloß sich, in die »Höhle des britischen Löwen« zu reisen, und traf Anfang Januar 1901 in London zu Aussprachen im Foreign Office ein. Er versuchte dort, eine englische Finanzgruppe für eine Beteiligung an der Bagdadbahn zu gewinnen und die Zustimmung der britischen Regierung zu einer Anhebung der türkischen Zölle um ein Prozent zu erreichen. Diese Einnahmesteigerungen für die Türkei in Höhe von 1,2 bis 1,5 Millionen Pfund hätten ausgereicht, um die türkische Garantiesumme für den Bau der Bagdadbahn sicherzustellen.

Die Verhandlungen in London blieben erneut ergebnislos. Weder das Foreign Office noch die City Banks zeigten Bereitschaft, sich an der Finanzierung der Bagdadbahn zu beteiligen. Im Juni 1901 versuchte Siemens' Nachfolger Arthur von Gwinner noch einmal, das Londoner Bankhaus Morgan, das sich interessiert gezeigt hatte, zur Mitarbeit zu gewinnen. Die Bereitschaft von Morgan & Co. erlosch jedoch schnell wieder.

ARTHUR VON GWINNER UNTERZEICHNET DIE BAGDADBAHN-KONZESSION

Arthur von Gwinner, Vorstandsmitglied der Deutschen Bank von 1894 bis 1919 und Sprecher von 1910 bis 1919

Nach dem Tode von Georg von Siemens, am 23. Oktober 1901, übernahm Arthur von Gwinner die Betreuung der türkischen Angelegenheiten und das Präsidentenamt der Anatolischen Eisenbahn-Gesellschaft. Er führte nun die Verhandlungen bis zur »endgültigen« Konzessionserteilung am 5. März 1903 und nahm an der feierlichen Unterzeichnung der Dokumente teil. In seinen »Erinnerungen« lebte der denkwürdige Tag wieder auf:

»Es war im März 1903 endlich gelungen, trotz des russischen Widerstandes die Konzession zur Ausführung der schon im Jahre 1899 von Siemens erworbenen und dann von einer Studienkommission näher projektierten Bagdadbahn zu erlangen. Diese Fortsetzung der kleinasiatischen Bahnen von Konya über den Taurus und Amanus bis an den Seehafen von Basra sollte und konnte das Rückgrat der ganzen damaligen Türkei werden. Grund genug, daß die Russen da-

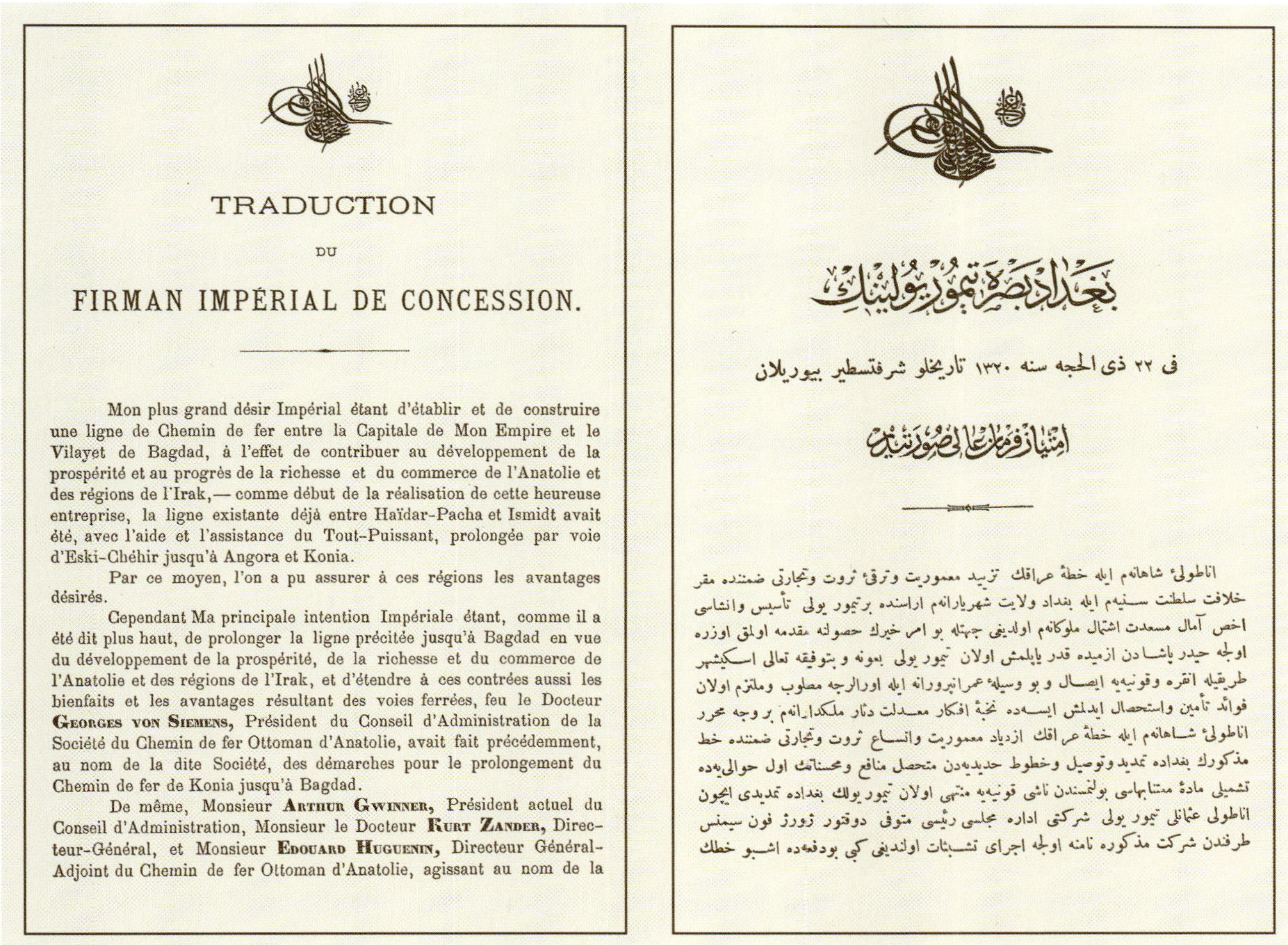

TRADUCTION

DU

FIRMAN IMPÉRIAL DE CONCESSION.

Mon plus grand désir Impérial étant d'établir et de construire une ligne de Chemin de fer entre la Capitale de Mon Empire et le Vilayet de Bagdad, à l'effet de contribuer au développement de la prospérité et au progrès de la richesse et du commerce de l'Anatolie et des régions de l'Irak,— comme début de la réalisation de cette heureuse entreprise, la ligne existante déjà entre Haïdar-Pacha et Ismidt avait été, avec l'aide et l'assistance du Tout-Puissant, prolongée par voie d'Eski-Chéhir jusqu'à Angora et Konia.

Par ce moyen, l'on a pu assurer à ces régions les avantages désirés.

Cependant Ma principale intention Impériale étant, comme il a été dit plus haut, de prolonger la ligne précitée jusqu'à Bagdad en vue du développement de la prospérité, de la richesse et du commerce de l'Anatolie et des régions de l'Irak, et d'étendre à ces contrées aussi les bienfaits et les avantages résultant des voies ferrées, feu le Docteur **Georges von Siemens**, Président du Conseil d'Administration de la Société du Chemin de fer Ottoman d'Anatolie, avait fait précédemment, au nom de la dite Société, des démarches pour le prolongement du Chemin de fer de Konia jusqu'à Bagdad.

De même, Monsieur **Arthur Gwinner**, Président actuel du Conseil d'Administration, Monsieur le Docteur **Kurt Zander**, Directeur-Général, et Monsieur **Edouard Huguenin**, Directeur Général-Adjoint du Chemin de fer Ottoman d'Anatolie, agissant au nom de la

بغداد بصره تیمور یولینك

في ٢٢ ذي الحجه سنه ١٣٢٠ تاريخلو شرفتسطير بيوريلان

امتیاز فرمان عالیسنك صورتیدر

اناطولیٔ شاهانهم ایله خطهٔ عراقك تزييد معموريت وترقیٔ ثروت وتجارتی ضمننده مقر
خلافت سلطنت سنیهم ایله بغداد ولایت شهریارانهم ارasنده برتیمور یولی تأسیس وانشاسی
اخص آمال مسعدت اشتمال ملوكانهم اولدیغی جهتله بو امر خیرك حصولنه مقدمه اولمق اوزره
اولجه حیدر پاشادن ازمیده قدر یاپلمش اولان تیمور یولی بعونه و بتوفیقه تعالی اسكیشهر
طریقیله انقره وقونیه‌یه ایصال و بو وسیلهٔ عمرانپرورانه ایله اورالرجه مطلوب وملتزم اولان
فوائد تأمین واستحصال ایدلمش ایسه‌ده نخبهٔ افكار معدلت دثار ملكدارانهم بروجه محرر
اناطولیٔ شاهانهم ایله خطهٔ عراقك ازدیاد معموریت واتساع ثروت وتجارتی ضمننده خط
مذكورك بغداده تمدید وتوصیل وخطوط حدیدیه‌دن متحصل منافع ومحسناتك اول حوالی‌یه‌ده
تشمیلی مادهٔ متنابهاسی بولنمسندن ناشی قونیه‌یه منتهی اولان تیمور یولك بغداده تمدیدی ایچون
اناطولی عثمانلی تیمور یولی شركتی اداره مجلسی رئیسی متوفی دوقتور ژورژ فون سیمنس
طرفندن شركت مذكوره نامنه اولجه اجرای تشبثات اولندیغی كبی بودفعه‌ده اشبو خطك

Auszug aus der Konzession für die Bagdadbahn vom 5. März 1903 in französischer und osmanischer Sprache

gegen waren. Aber um der Türkei solche Wohltat zu erweisen, mußten wir eine türkische Anleihe übernehmen und an sämtliche Würdenträger hohen Bagschish bezahlen. Nur der brave Alttürke Zihni Pascha, Minister für öffentliche Arbeiten, mit dem ich die Bagdadkonzession unterzeichnete, zeigte sich integer. Unser Direktor hatte auch ihm die übliche sechsstellige Vergütungszahl angeboten: ›Ich bin ein alter Mann‹, erwiderte Zihni, ›ich werde bald vor Allah erscheinen. Sollte ich da noch vorher meine Seele belasten?‹

Abends nach der Unterzeichnung wurde ich vom Sultan zum Diner eingeladen. Ich traf da zehn türkische Exzellenzen und drei Hoheiten, nämlich den Groß-Vezier und zwei seiner Vorgänger, alle in ihren eigentümlichen ›Stambulinas‹, schwarzen Röcken von dünnem Zeug, vorn von oben bis unten mit zwanzig kleinen runden schwarzen Knöpfchen verschlossen. Der Frack galt damals bei den Türken für unanständig. Die sämtlichen Herrschaften hatten von uns Bagschish in hohen Summen teils erwartet und erhalten, teils erpreßt...

Nach den üblichen kurzen Tischreden auf den Sultan und den Kaiser ging das Diner zu Ende. Die Diener sollen, wie üblich meistens, Spione des Sultans gewesen sein. Dieser erwartete uns in einem kleinen Kabinett und führte die Gesellschaft durch die Portière in das Theater Yildis Kiosk. ... Nach dem ersten Akt wurde ich geholt und dem Sultan vorgestellt, der aufstehend mich mit aller ihm möglichen Leutseligkeit empfing. Er sah aber aus wie ein kleiner Kursmakler...«

Die nunmehr »endgültige« Bagdadkonzession von 1903 legte unter anderem folgende Punkte fest: Die Konzession wurde auf 99 Jahre erteilt. Die Bahnlinie sollte von *Konya* über *Adana–Mosul–Samarra–Bagdad–Basra* nach einem noch zu bestimmenden Punkt am Persischen Golf führen. Die Konzessionsrechte erhielt die bereits bestehende Anatolische Eisenbahn-Gesellschaft, die den Bau innerhalb von acht Jahren beenden sollte. Die türkische Regierung verpflichtete sich zu einer jährlichen Garantieleistung von 16 500 Francs pro Kilometer und behielt sich das Rückkaufrecht vor. Die Anatolische Eisenbahn-Gesellschaft bekam zur Auflage, für die Durchführung der Konzession eine besondere Gesellschaft zu errichten. Diese wurde am 13. April 1903 unter der Firma »Société Impériale Ottomane du Chemin de Fer de Bagdad« unter Federführung der Deutschen Bank und der Ottomanbank gegründet.

DIE BAGDADBAHN-GESELLSCHAFT

Das Aktienkapital der neuen Gesellschaft betrug 15 Millionen Francs. Je 10 Prozent übernahmen die türkische Regierung und die Anatolische Eisenbahn-Gesellschaft, die Deutsche Bank und die Ottomanbank jeweils rund 27 Prozent, der Wiener Bankverein und die Schweizerische Kreditanstalt je 4 Prozent, die restlichen 15 Prozent gingen an verschiedene Bankhäuser und Persönlichkeiten in

Rechte Seite: Anleihe der Bagdadbahn von 1904

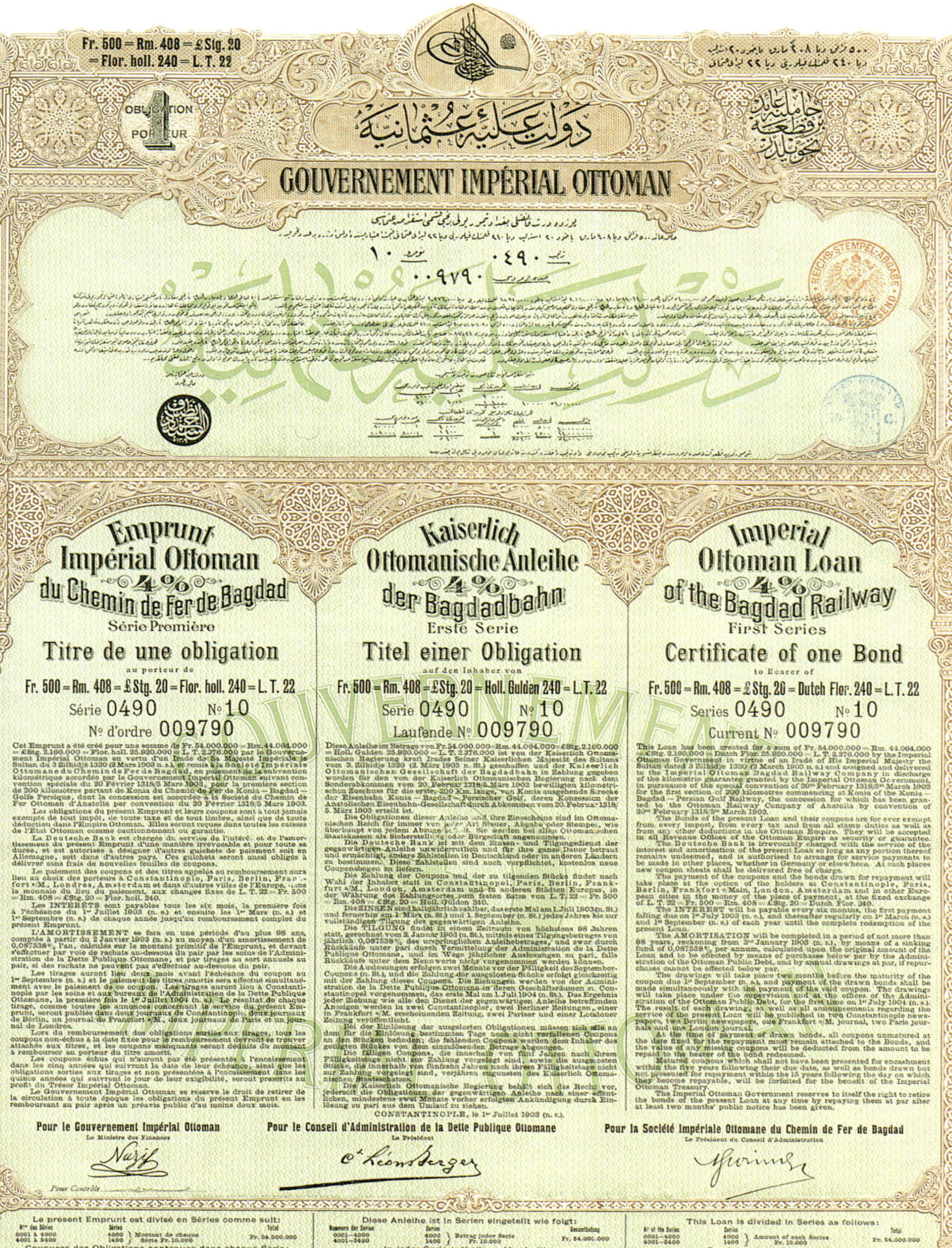

Fr. 500 = Rm. 408 = £ Stg. 20 = Flor. holl. 240 = L. T. 22

OBLIGATION 1 POUR

GOUVERNEMENT IMPÉRIAL OTTOMAN

Emprunt Impérial Ottoman 4% du Chemin de Fer de Bagdad	Kaiserlich Ottomanische Anleihe 4% der Bagdadbahn	Imperial Ottoman Loan 4% of the Bagdad Railway
Série Première	Erste Serie	First Series
Titre de une obligation	Titel einer Obligation	Certificate of one Bond
au porteur de	auf den Inhaber von	to Bearer of
Fr. 500 = Rm. 408 = £ Stg. 20 = Flor. holl. 240 = L. T. 22	Fr. 500 = Rm. 408 = £ Stg. 20 = Holl. Gulden 240 = L. T. 22	Fr. 500 = Rm. 408 = £ Stg. 20 = Dutch Flor. 240 = L. T. 22
Série 0490 № 10	Serie 0490 № 10	Series 0490 № 10
№ d'ordre 009790	Laufende № 009790	Current № 009790

CONSTANTINOPLE, le 1er Juillet 1903 (n. s.)

Pour le Gouvernement Impérial Ottoman — Le Ministre des Finances

Pour le Conseil d'Administration de la Dette Publique Ottomane — Le Président

Pour la Société Impériale Ottomane du Chemin de Fer de Bagdad — Le Président du Conseil d'Administration

Le present Emprunt est divisé en Séries comme suit:

Diese Anleihe ist in Serien eingeteilt wie folgt:

This Loan is divided in Series as follows:

Fr. 500 = Rm. 408 = £ Stg. 20 = Flor. holl. 240 = L. T. 22

Deutschland, Italien und der Türkei. In der Praxis war das deutsche Übergewicht jedoch so groß, daß die Banque Ottomane nie die Geschicke des Unternehmens steuern konnte. Die Leitung der Bagdadbahn-Gesellschaft erhielt Kurt Zander, der Generaldirektor der Anatolischen Eisenbahn. Vorsitzender des international besetzten Verwaltungsrats wurde Arthur von Gwinner. Die Bagdadbahn-Gesellschaft nahm den Bahnbetrieb nicht selbst in die Hand, sondern übertrug ihn der Anatolischen Eisenbahn-Gesellschaft, so daß für das gesamte große Netz eine einheitliche Bewirtschaftung entstand.

Im Februar 1904 wurde die »Kaiserlich Ottomanische 4% Anleihe der Bagdadbahn« über 54 Millionen Francs (=44064000 Mark = 2160000 £-Sterling = 25920000 holländische Gulden = 2376000 türkische Pfund) zur Zeichnung aufgelegt. Dem Konsortium gehörten neben der Deutschen Bank und der Banque Impériale Ottomane die Bankhäuser Bleichröder, Jacob S.H. Stern, Gebr. Bethmann, M.M. Warburg & Co., die Württembergische Vereinsbank, die Schweizerische Kreditanstalt und der Wiener Bankverein an. Für die Zins- und Tilgungsleistungen verpfändete die türkische Regierung wiederum die Einnahmen aus den »Zehnten« einer Reihe von Provinzen. Falls die Erträge nicht ausreichten, sollte der Fehlbetrag aus anderen Provinzen gedeckt werden. Als Sicherheit dienten ferner die Anteile der türkischen Regierung an der neuen Strecke. Für die Aufbringung der erforderlichen Gelder war wiederum die »Dette Publique« zuständig. Von der 54-Millionen-Francs-Anleihe wurden 50 Millionen Francs zur Barsubskription ausgeschrieben. An der Spitze der Zeichnungskassen stand jetzt die Haupt-Seehandlungs-Kasse in Berlin.

Die Last der Kapitalbeschaffung fiel erneut dem deutschen Kapitalmarkt zu. Die Banque Ottomane konnte sich als Paketaktionär und Inhaber mehrerer Sitze im Verwaltungsrat der Bagdadbahn einer Mitwirkung zwar nicht entziehen, ihre Teilnahme blieb jedoch rein theoretischer Natur. Der französische Außenminister Delcassé hatte sein Einverständnis zur Beteiligung französischen Kapitals an der Bagdadbahn davon abhängig gemacht, daß sowohl die Finanzierung als auch die Liefer- und Bauaufträge durch Heranziehung britischer und russischer Firmen internationalisiert würden. Nachdem diese Forderung gescheitert war, verlangte Delcassé, daß Frankreich

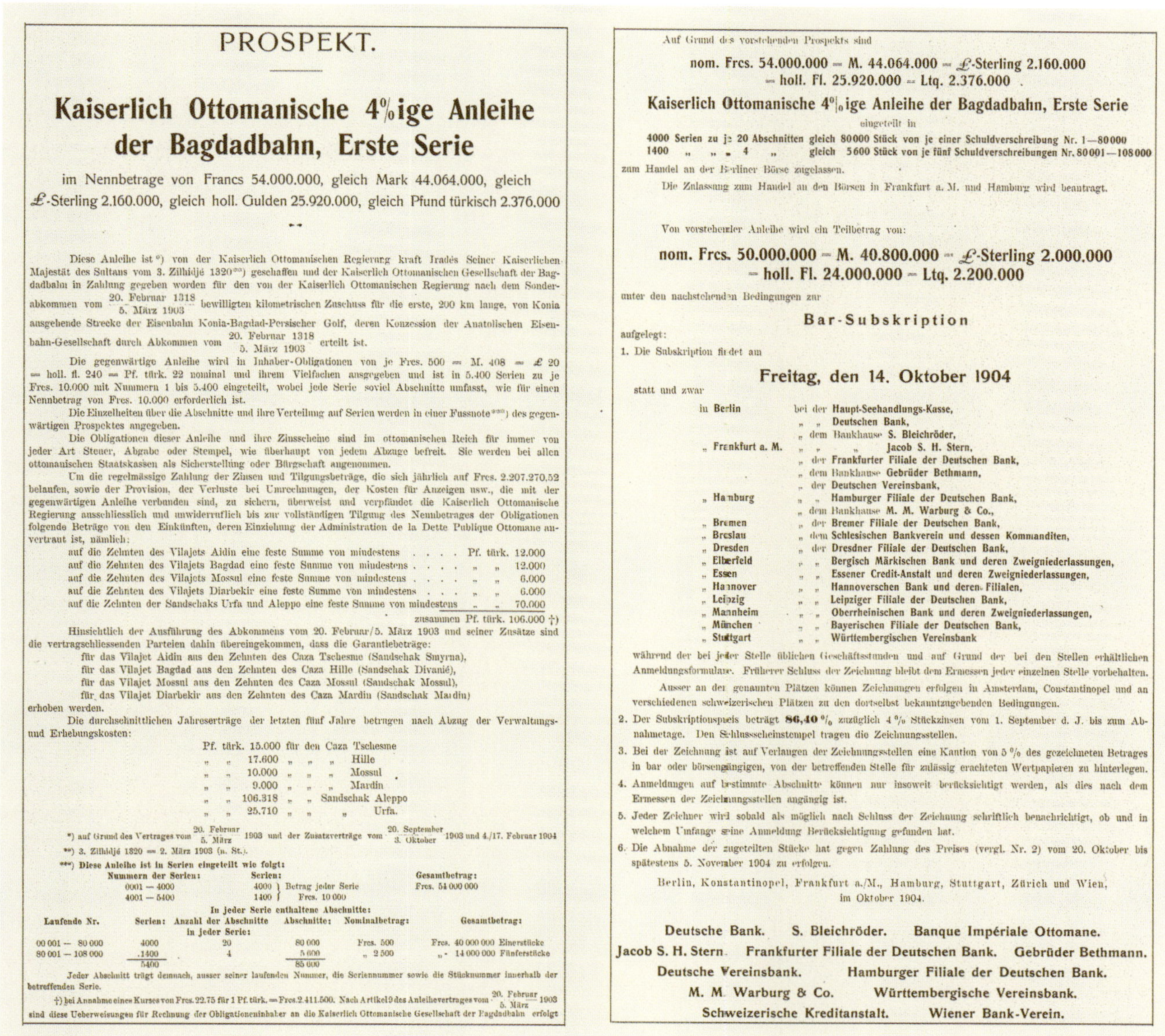

PROSPEKT.

Kaiserlich Ottomanische 4%ige Anleihe der Bagdadbahn, Erste Serie

im Nennbetrage von Francs 54.000.000, gleich Mark 44.064.000, gleich £-Sterling 2.160.000, gleich holl. Gulden 25.920.000, gleich Pfund türkisch 2.376.000

Diese Anleihe ist *) von der Kaiserlich Ottomanischen Regierung kraft Iradés Seiner Kaiserlichen Majestät des Sultans vom 3. Zilhidjé 1320 **) geschaffen und der Kaiserlich Ottomanischen Gesellschaft der Bagdadbahn in Zahlung gegeben worden für den von der Kaiserlich Ottomanischen Regierung nach dem Sonderabkommen vom 20. Februar 1318/5. März 1903 bewilligten kilometrischen Zuschuss für die erste, 200 km lange, von Konia ausgehende Strecke der Eisenbahn Konia-Bagdad-Persischer Golf, deren Konzession der Anatolischen Eisenbahn-Gesellschaft durch Abkommen vom 20. Februar 1318/5. März 1903 erteilt ist.

Die gegenwärtige Anleihe wird in Inhaber-Obligationen von je Frcs. 500 = M. 408 = £ 20 = holl. fl. 240 = Pf. türk. 22 nominal und ihrem Vielfachen ausgegeben und ist in 5.400 Serien zu je Frcs. 10.000 mit Nummern 1 bis 5.400 eingeteilt, wobei jede Serie soviel Abschnitte umfasst, wie für einen Nennbetrag von Frcs. 10.000 erforderlich ist.

Die Einzelheiten über die Abschnitte und ihre Verteilung auf Serien werden in einer Fussnote ***) des gegenwärtigen Prospektes angegeben.

Die Obligationen dieser Anleihe und ihre Zinsscheine sind im ottomanischen Reich für immer von jeder Art Steuer, Abgabe oder Stempel, wie überhaupt von jedem Abzuge befreit. Sie werden bei allen ottomanischen Staatskassen als Sicherstellung oder Bürgschaft angenommen.

Um die regelmässige Zahlung der Zinsen und Tilgungsbeträge, die sich jährlich auf Frcs. 2.207.270,52 belaufen, sowie der Provision, der Verluste bei Umrechnungen, der Kosten für Anzeigen usw., die mit der gegenwärtigen Anleihe verbunden sind, zu sichern, überweist und verpfändet die Kaiserlich Ottomanische Regierung ausschliesslich und unwiderruflich bis zur vollständigen Tilgung des Nennbetrages der Obligationen folgende Beträge von den Einkünften, deren Einziehung der Administration de la Dette Publique Ottomane anvertraut ist, nämlich:

auf die Zehnten des Vilajets Aidin eine feste Summe von mindestens	Pf. türk. 12.000
auf die Zehnten des Vilajets Bagdad eine feste Summe von mindestens	„ „ 12.000
auf die Zehnten des Vilajets Mossul eine feste Summe von mindestens	„ „ 6.000
auf die Zehnten des Vilajets Diarbekir eine feste Summe von mindestens . . .	„ „ 6.000
auf die Zehnten der Sandschaks Urfa und Aleppo eine feste Summe von mindestens	„ „ 70.000
zusammen	Pf. türk. 106.000 †)

Hinsichtlich der Ausführung des Abkommens vom 20. Februar/5. März 1903 und seiner Zusätze sind die vertragschliessenden Parteien dahin übereingekommen, dass die Garantiebeträge:
für das Vilajet Aidin aus den Zehnten des Caza Tschesme (Sandschak Smyrna),
für das Vilajet Bagdad aus den Zehnten des Caza Hille (Sandschak Divanié),
für das Vilajet Mossul aus den Zehnten des Caza Mossul (Sandschak Mossul),
für das Vilajet Diarbekir aus den Zehnten des Caza Mardin (Sandschak Mardin)
erhoben werden.

Die durchschnittlichen Jahreserträge der letzten fünf Jahre betragen nach Abzug der Verwaltungs- und Erhebungskosten:

Pf. türk. 15.000 für den Caza Tschesme
„ „ 17.600 „ „ „ Hille
„ „ 10.000 „ „ „ Mossul
„ „ 9.000 „ „ „ Mardin
„ „ 106.318 „ „ Sandschak Aleppo
„ „ 25.710 „ „ „ Urfa.

*) auf Grund des Vertrages vom 20. Februar/5. März 1903 und der Zusatzverträge vom 20. September/3. Oktober 1903 und 4./17. Februar 1904

**) 3. Zilhidjé 1320 = 2. März 1903 (n. St.).

***) **Diese Anleihe ist in Serien eingeteilt wie folgt:**

Nummern der Serien:	Serien:		Gesamtbetrag:
0001 — 4000	4000	Betrag jeder Serie Frcs. 10 000	Frcs. 54 000 000
4001 — 5400	1400		

In jeder Serie enthaltene Abschnitte:

Laufende Nr.	Serien:	Anzahl der Abschnitte in jeder Serie:	Abschnitte:	Nominalbetrag:	Gesamtbetrag:
00 001 — 80 000	4000	20	80 000	Frcs. 500	Frcs. 40 000 000 Einerstücke
80 001 — 108 000	1400	4	5 600	„ 2 500	„ 14 000 000 Fünferstücke
	5400		85 600		

Jeder Abschnitt trägt demnach, ausser seiner laufenden Nummer, die Seriennummer sowie die Stücknummer innerhalb der betreffenden Serie.

†) bei Annahme eines Kurses von Frcs. 22.75 für 1 Pf. türk. = Frcs. 2.411.500. Nach Artikel 9 des Anleihevertrages vom 20. Februar/5. März 1903 sind diese Ueberweisungen für Rechnung der Obligationeninhaber an die Kaiserlich Ottomanische Gesellschaft der Bagdadbahn erfolgt

Auf Grund des vorstehenden Prospekts sind

nom. Frcs. 54.000.000 = M. 44.064.000 = £-Sterling 2.160.000 = holl. Fl. 25.920.000 = Ltq. 2.376.000

Kaiserlich Ottomanische 4%ige Anleihe der Bagdadbahn, Erste Serie

eingeteilt in

4000 Serien zu je 20 Abschnitten gleich 80000 Stück von je einer Schuldverschreibung Nr. 1—80000
1400 „ „ 4 „ gleich 5600 Stück von je fünf Schuldverschreibungen Nr. 80001—108000

zum Handel an der Berliner Börse zugelassen.

Die Zulassung zum Handel an den Börsen in Frankfurt a. M. und Hamburg wird beantragt.

Von vorstehender Anleihe wird ein Teilbetrag von:

nom. Frcs. 50.000.000 = M. 40.800.000 = £-Sterling 2.000.000 = holl. Fl. 24.000.000 = Ltq. 2.200.000

unter den nachstehenden Bedingungen zur

Bar-Subskription

aufgelegt:

1. Die Subskription findet am

Freitag, den 14. Oktober 1904

statt und zwar

in **Berlin**	bei der **Haupt-Seehandlungs-Kasse,**
	„ „ **Deutschen Bank,**
	„ dem Bankhause **S. Bleichröder,**
„ **Frankfurt a. M.**	„ „ „ **Jacob S. H. Stern,**
	„ der **Frankfurter Filiale der Deutschen Bank,**
	„ dem Bankhause **Gebrüder Bethmann,**
	„ der **Deutschen Vereinsbank,**
„ **Hamburg**	„ „ **Hamburger Filiale der Deutschen Bank,**
	„ dem Bankhause **M. M. Warburg & Co.,**
„ **Bremen**	„ der **Bremer Filiale der Deutschen Bank,**
„ **Breslau**	„ dem **Schlesischen Bankverein und dessen Kommanditen,**
„ **Dresden**	„ der **Dresdner Filiale der Deutschen Bank,**
„ **Elberfeld**	„ „ **Bergisch Märkischen Bank und deren Zweigniederlassungen,**
„ **Essen**	„ „ **Essener Credit-Anstalt und deren Zweigniederlassungen,**
„ **Hannover**	„ „ **Hannoverschen Bank und deren Filialen,**
„ **Leipzig**	„ „ **Leipziger Filiale der Deutschen Bank,**
„ **Mannheim**	„ „ **Oberrheinischen Bank und deren Zweigniederlassungen,**
„ **München**	„ „ **Bayerischen Filiale der Deutschen Bank,**
„ **Stuttgart**	„ „ **Württembergischen Vereinsbank**

während der bei jeder Stelle üblichen Geschäftsstunden und auf Grund der bei den Stellen erhältlichen Anmeldungsformulare. Früherer Schluss der Zeichnung bleibt dem Ermessen jeder einzelnen Stelle vorbehalten.

Ausser an den genannten Plätzen können Zeichnungen erfolgen in Amsterdam, Constantinopel und an verschiedenen schweizerischen Plätzen zu den dortselbst bekanntzugebenden Bedingungen.

2. Der Subskriptionspreis beträgt **86,40 %** zuzüglich 4 % Stückzinsen vom 1. September d. J. bis zum Abnahmetage. Den Schlussscheinstempel tragen die Zeichnungsstellen.
3. Bei der Zeichnung ist auf Verlangen der Zeichnungsstellen eine Kaution von 5 % des gezeichneten Betrages in bar oder börsengängigen, von der betreffenden Stelle für zulässig erachteten Wertpapieren zu hinterlegen.
4. Anmeldungen auf bestimmte Abschnitte können nur insoweit berücksichtigt werden, als dies nach dem Ermessen der Zeichnungsstellen angängig ist.
5. Jeder Zeichner wird sobald als möglich nach Schluss der Zeichnung schriftlich benachrichtigt, ob und in welchem Umfange seine Anmeldung Berücksichtigung gefunden hat.
6. Die Abnahme der zugeteilten Stücke hat gegen Zahlung des Preises (vergl. Nr. 2) vom 20. Oktober bis spätestens 5. November 1904 zu erfolgen.

Berlin, Konstantinopel, Frankfurt a./M., Hamburg, Stuttgart, Zürich und Wien, im Oktober 1904.

Deutsche Bank. S. Bleichröder. Banque Impériale Ottomane.
Jacob S. H. Stern. Frankfurter Filiale der Deutschen Bank. Gebrüder Bethmann.
Deutsche Vereinsbank. Hamburger Filiale der Deutschen Bank.
M. M. Warburg & Co. Württembergische Vereinsbank.
Schweizerische Kreditanstalt. Wiener Bank-Verein.

Börsenprospekt der Anleihe der Bagdadbahn, 1. Serie, 1904, mit den Konsortialbanken

im Bagdad-Unternehmen »eine in bezug auf Beteiligung und Einfluß mit Deutschland unbedingt gleichberechtigte Stellung« einnehme. Dazu konnte sich die Deutsche Bank jedoch nicht bereit erklären.

Gegen den Rat der französischen Regierung übernahm die Banque Ottomane trotzdem fast 30 Prozent der Bagdadbahn-Aktien. Paris sperrte daraufhin den französischen Kapitalmarkt für die Obligationen der Bagdadbahn. Delcassés Nachfolger, Stéphane Pichon, brachte den französischen Standpunkt im Dezember 1906 noch einmal vor: »Unsere Politik besteht darin, die Linie zu internationalisieren und den Deutschen nicht die Mittel zu liefern, sie zu bauen.« Die Ottomanbank blieb trotzdem weiterhin in der Bagdadbahn-Gesellschaft und hielt die Zusammenarbeit mit der Deutschen Bank aufrecht.

Noch einmal versuchte Arthur von Gwinner, wie seinerzeit Siemens, die Londoner City Banks zu gewinnen – doch wieder vergeblich. Seine Verhandlungen mit Sir Ernest Cassel, dem aus einer Kölner Familie stammenden Privatbankier, den Häusern Baring Brothers und Morgan & Co. liefen zunächst erfolgreich an. Gwinner machte außerordentliche Zugeständnisse: Deutsche, Briten und Franzosen sollten gleiche Anteile an der Bahn erhalten. Die Absprachen kamen sogar in Gegenwart des britischen Premiers Arthur Balfour und seines Außenministers Lansdowne zustande, ja Balfour befürwortete vor dem Parlament am 8. April 1903 eine britische Beteiligung.

Jetzt erhob sich jedoch massive Kritik im Unterhaus und in der englischen Presse. Eine bis dahin ungeahnte Pressekampagne gegen die Bagdadbahn erreichte in diesen Tagen einen Höhepunkt. Die Presse entwickelte sich zum eigentlichen Gegner des deutschen Projektes. Der Premierminister mußte seine Zusage zurückziehen, die englischen Bankiers schlossen sich an. Eine englische Kapitalbeteiligung unterblieb.

Auch die deutsche Öffentlichkeit gewann zur gleichen Zeit wachsende Bedeutung. Der Name der Bahnlinie wurde schnell populär, vermutlich weil er mit romantisierenden Orientvorstellungen der Öffentlichkeit übereinstimmte. Der Name »Bagdad« hatte in der Presse und in einer umfangreichen Romanliteratur einen faszinierenden Beiklang; er klang wie aus den Märchen aus Tausendundeiner Nacht, nach märchenhaften Reichtümern und abenteuerlichen Geschichten. Vielleicht spielten auch die in den neunziger Jahren populär werdenden Schriften Karl Mays in den Orientvorstellungen der deutschen Öffentlichkeit eine wichtigere Rolle als seriöse Publikationen.

Typisch für diesen Zeitgeist ist wohl eine Karikatur aus den *Lustigen Blättern* vom Jahre 1900: Unter der Überschrift »Mit Volldampf nach Bagdad« zeigt sie Georg von Siemens, gekleidet wie ein türkischer Bahnwärter und umgeben von orientalischer Romantik in

Rechte Seite: Georg von Siemens als Bahnwärter der Bagdadbahn (Karikatur von 1900)

Berlin SW., Charlottenstr. 11. Preis der Einzelnummer 20 Pf. XV. Jahrgang. (1900.) No. 3.

LUSTIGE BLÄTTER

Mit Volldampf nach Bagdad!

(Dr. Georg von Siemens, der Begründer der anatolischen Eisenbahn.)

W. A. Wellner.

„Bahn frei für deutsche Kulturarbeit im Orient!“

Gestalt von Moscheen, Kuppeln und Minaretts. Dieses »Bagdad« wurde durch die Bahngleise, gebaut von der Deutschen Bank, erreichbar.

DER BAU GEHT WEITER: VON KONYA NACH BURGULU

Der Bau der Bagdadbahn lief endlich an. Um das Risiko zu vermindern, hatte sich die Deutsche Bank im Einverständnis mit der türkischen Regierung entschlossen, in Etappen von je 200 Kilo-

Der Weiterbau von Konya nach Adana (1912)

metern zu bauen. Zunächst ging es von Konya über Eregli bis Burgulu (Burguluk) am Fuße des Taurus. Der Bau wurde der im November 1903 gegründeten »Gesellschaft für den Bau der Eisenbahn Konya–Eregli–Burgulu GmbH« mit Sitz in Frankfurt am Main übertragen. Gesellschafter waren die Deutsche Bank, die mit der Firma Holzmann & Cie. eng zusammenarbeitende »Internationale Baugesellschaft« und die Deutsche Vereinsbank.

Bauopfer für die Bagdadbahn beim ersten Spatenstich für die Strecke Konya–Burgulu (1903)

Der erste Abschnitt bis Burgulu war bereits im Oktober 1904 fertiggestellt. Die Trasse verlief durch die Ebene, brachte also wenig technische Schwierigkeiten. Wilhelm II. gratulierte Arthur von Gwinner persönlich zur Fertigstellung der ersten Teilstrecke der Bagdadbahn: »Ich freue mich, daß es gelungen ist, das bedeutungsvolle Unternehmen deutschen Unternehmungs-

Eröffnungsfeierlichkeiten im Bahnhof Eregli (1904)

Glückwunschschreiben Wilhelms II. zur Eröffnung der Strecke Konya – Burgulu vom 25. Oktober 1904

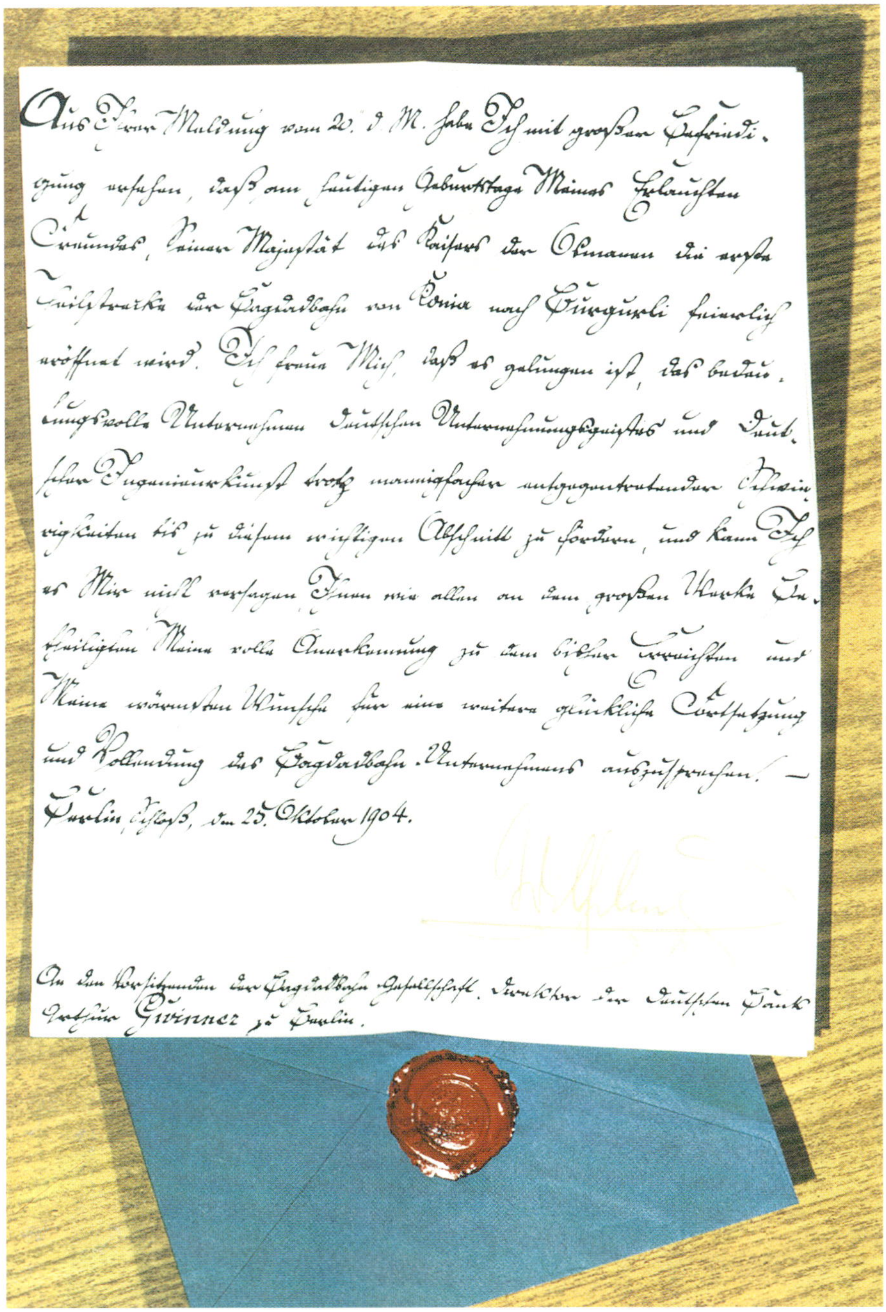

Aus Ihrer Meldung vom 20. d. M. habe Ich mit grosser Befriedigung ersehen, dass am heutigen Geburtstage Meines Erlauchten Freundes, Seiner Majestät des Kaisers der Osmanen die erste Teilstrecke der Bagdadbahn von Konia nach Burgurli feierlich eröffnet wird. Ich freue Mich, dass es gelungen ist, das bedeutungsvolle Unternehmen deutschen Unternehmungsgeistes und deutscher Ingenieurkunst trotz mannigfacher entgegenstehender Schwierigkeiten bis zu diesem wichtigen Abschnitt zu fördern, und kann Ich es Mir nicht versagen, Ihnen wie allen an dem grossen Werke Beteiligten Meine volle Anerkennung zu dem bisher Erreichten und Meine wärmsten Wünsche für eine weitere glückliche Fortsetzung und Vollendung des Bagdadbahn-Unternehmens auszusprechen. —

Berlin, Schloss, den 25. Oktober 1904.

Wilhelm

An den Vorsitzenden der Bagdadbahn-Gesellschaft, Direktor der Deutschen Bank Arthur Gwinner zu Berlin.

geistes und deutscher Ingenieurkunst trotz mannigfacher entgegentretender Schwierigkeiten bis zu diesem wichtigen Abschnitt zu fördern, und kann ich es Mir nicht versagen, Ihnen wie allen an dem großen Werke Betheiligten Meine volle Anerkennung zu dem bisher Erreichten und Meine wärmsten Wünsche für eine weitere glückliche Fortsetzung und Vollendung des Bagdadbahn-Unternehmens auszusprechen«.

Die vertraglich vereinbarte Mitwirkung lokaler türkischer Stellen beim Bau der Eisenbahn gestaltete sich schwieriger: Hier mußte erneut kräftig »Bagschish« gezahlt werden. Arthur von Gwinner plante die Summen bereits in die Finanzierung ein: »Wer sich in der Türkei geschäftlich betätigt hat, weiß, daß am Bosporus das Bagschish regiert und bisher eine unvermeidliche Bedingung eines jeden Vertrages war. Wir hatten entsprechend der Bedeutung eines Geschäftes Werte von einigen zwanzig Millionen Pfund zu zahlen. Der Sultan selbst schickte uns von Zeit zu Zeit unter den tollsten Vorwänden neue Leute auf den Hals, die befriedigt werden mußten.«

SCHWIERIGKEITEN IN DER FINANZIERUNG

In den Bauarbeiten trat nun eine lange Stockung ein, die erst im Sommer 1908 überwunden werden konnte. Arthur von Gwinner reiste im Jahre 1907 selbst in die Türkei und machte eine Fahrt mit der Anatolischen Eisenbahn, um sich vor Ort mit den Problemen auseinanderzusetzen. Es bedurfte einer neuen, die Einzelheiten des nächsten Streckenabschnitts regelnden Konvention zwischen der türkischen Regierung und der Bagdadbahn-Gesellschaft, vor allem aber der Sicherung der weiteren Finanzierung. Der nächste Streckenabschnitt von Burgulu nach Adana galt zudem wegen der Überquerung des Taurusgebirges als technisch besonders schwierig und damit finanziell äußerst aufwendig. Den Türken fehlten die Pfänder, um die Anleihe für den Weiterbau sicherzustellen. Zwar wollte die türkische Regierung durch Erhöhung ihrer Zolleinnahmen die finanziellen Mittel zur Verfügung stellen, die anderen Großmächte, insbesondere England, verhinderten dies jedoch. Die Deutsche Bank mußte sich

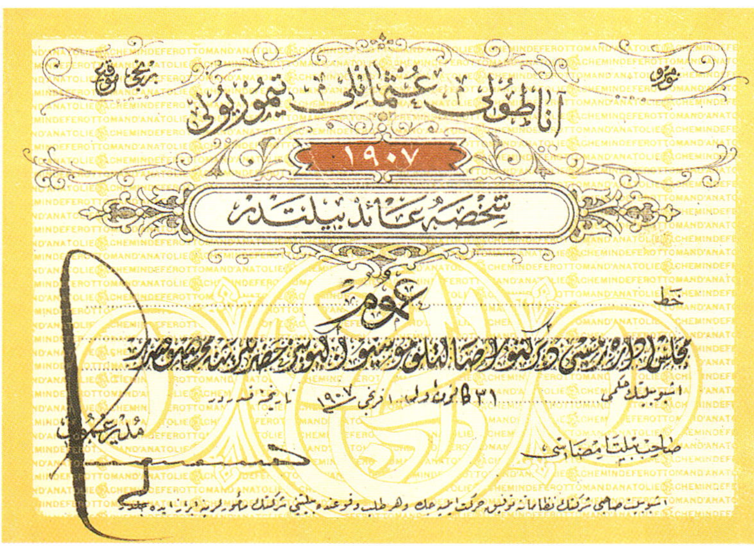

Fahrkarten der Anatolischen Eisenbahn
und der Bagdadbahn,
reserviert für Arthur von Gwinner

nach neuen Einnahmequellen umsehen. Gwinner hatte inzwischen das Projekt der »Unifikation der türkischen Staatsschuld« erneut aufgegriffen, das eine französische Gruppe bereits in Angriff genommen, aber wieder fallengelassen hatte.

Nach den bestehenden Verträgen zahlte die Türkei nur geringe Zinsen auf ihre große alte Staatsschuld, während der Überschuß aus den verpfändeten Einnahmen im wesentlichen zur Tilgung der Anleihen verwendet wurde. Die türkische Regierung hatte ja, wie bereits erwähnt, eine ganze Reihe wertvoller Staatseinnahmen dem international zusammengesetzten Verwaltungsrat der »Dette Publique« überwiesen und erhielt nichts von den Eingängen, solange die alten Schulden bestanden. Dieses Verfahren wurde durch die »Unifikation« geändert. Die Inhaber der alten Schuldverschreibungen erhielten eine weit höhere Verzinsung und die Türkei »25 von Hundert« des Aufkommens, das über einen zur Bildung eines Tilgungsfonds bestimmten Betrag hinausging. Dieser Fonds war so berechnet, die gesamte alte Schuld in etwa fünfzig Jahren zu tilgen. Der Erfolg dieser neuen Einrichtung stellte sich bald ein. Die »Bondholders« hatten rasch und andauernd steigende Kurse der türkischen Anleihen zu verzeichnen, die Türkei verdiente gut daran und konnte wieder Garantien für den Weiterbau der Bagdadbahn geben. Gwinner erhielt als Dank vom türkischen Minister Zihni Pascha »einen hübschen seidenen Teppich aus der Manufaktur von Heréké«.

DIE KONZESSION FÜR DIE LINIE VON BURGULU NACH TEL-EL-HELIF

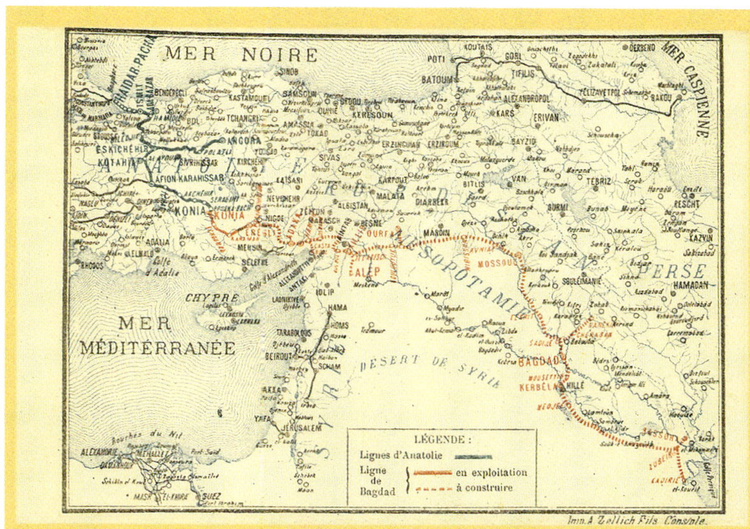

Am 2. Juni 1908 unterzeichneten die türkische Regierung und die beiden Direktoren der Anatolischen Eisenbahn-Gesellschaft, Edouard Huguenin und Karl Helfferich, die Konvention zum Weiterbau der Bagdadbahn von der bisherigen Endstation Burgulu nach Tel-el-Helif. Die neue, 840 Kilometer lange Linie brachte die Durchquerung des Taurus- und des Amanusgebirges, die Überquerung des Euphrats und den Eintritt in das obere Mesopotamien. Darüber hinaus wurden der Anschluß an die von der Deutschen Bank 1906 erworbene Stichbahn *Mersina–Adana* sowie eine Abzweigung nach *Aleppo* zugesichert. Die erste Linie schloß die Verbindung zum Golf von Alexandrette, die zweite Stichbahn die Verbindung zum syrischen Eisenbahnnetz. Ein Finanzierungsplan sah vor, den Regierungsanteil an den Überschüssen der für die alte Staatsschuld verpfändeten Einnahmen (Revenues Concédés) zum Weiterbau zu verwenden. Als Gegenleistung gewährte die Bagdadbahn-Gesellschaft der notorisch finanzschwachen Türkei im Jahre 1908 dreimal einen Vorschuß in Höhe von insgesamt 650 000 türkischen Pfund.

Das Jahr 1908 veränderte jedoch die politische Situation in der Türkei. Der Aufstand der »Jungtürken« im Juli 1908 führte zur Absetzung des Sultans Abdul Hamid durch das zunächst wenig deutschfreundliche »jungtürkische Komitee«. Sofort geriet die Bagdadbahn

Karl Helfferich,
1906–1908 Direktor der Anatolischen Eisenbahn-Gesellschaft,
1908–1915 Vorstandsmitglied der Deutschen Bank,
1915–1917 Staatssekretär und stellv. Reichskanzler

Edouard Huguenin,
ab 1890 stellv. Generaldirektor,
1908–1917 Generaldirektor der Anatolischen Eisenbahn-Gesellschaft

in die Debatte, verschiedene Gruppen der »Jungtürken« sprachen sich gegen den Weiterbau der Bahn mit Hilfe ausländischen Kapitals aus. Die Besonnenheit siegte jedoch, und im Juni 1910 wird die »Kaiserlich Ottomanische 4% Anleihe der Bagdadbahn«, Serie II, im Nennbetrag von 108 Millionen Francs (= 8812800 Millionen Mark) aufgelegt. Die Anleihe lautete wiederum gleichzeitig über Mark, Pfund Sterling, holländische Gulden und türkische Pfund.

Dem Konsortium gehörten neben der Deutschen Bank und der Banque Ottomane dieselben Banken an wie bei der ersten Anleihe; neu hinzugekommen waren das Bankhaus Lazard Speyer-Ellissen, Frankfurt am Main, und die Allgemeine Elsässische Bank-Gesellschaft, Straßburg. Die »Seehandlung« wirkte wiederum als Zeichnungsstelle mit. Für die Zins- und Tilgungsleistungen garantierte die Regierung die schon erwähnten »Revenues Concédés« der Staatsschuld. Falls diese Beträge nicht ausreichten, sollten die Einnahmen der »Hammelsteuer« (Aghnams) in den Provinzen Konya, Adana und Aleppo herangezogen werden. Es gelang auch diesmal, die Bagdadbahn-Anleihe, Serie II, mit Erfolg auf dem deutschen Kapitalmarkt unterzubringen. Der Pariser Kapitalmarkt war nach wie vor für Bagdad-Obligationen gesperrt, und britisches Kapital stand wiederum nicht zur Verfügung.

DER ENDPUNKT DER BAGDADBAHN

Das Interesse an einer Zusammenarbeit mit England in der Bagdadbahn-Frage blieb weiterhin bestehen. Die Bagdadbahn sollte ja zunächst in Basra enden, dem rund 100 Kilometer landeinwärts liegenden Hafen am Schatt el-Arab, der auch von kleineren Hochseeschiffen angelaufen werden konnte. Konzessioniert, aber noch nicht endgültig festgelegt war ferner eine Verbindungsbahn zu dem direkt am Persischen Golf gelegenen Hafen Kuwait. Daß die Konzessionsverträge hier nicht ganz präzise formuliert waren, ist verständlich: Der Persische Golf gehörte zum britischen Interessengebiet. England betrachtete das »Tor nach Indien« stets unter strategischen Gesichtspunkten und versuchte deshalb zu verhindern, daß irgendeine andere Macht sich am Golf festsetzte und Einfluß gewann. Ebenso lagen der Waren- und der Personenverkehr zwischen Bagdad und der Mündung des Schatt el-Arab fest in den Händen einer britischen Flußschiffahrts-Gesellschaft.

Die Deutsche Bank, die sich immer um eine Zusammenarbeit mit den Engländern bemüht hatte, war durchaus bereit, die britischen Interessen zu respektieren. Im Dezember 1909 unternahm Arthur von Gwinner einen weiteren Versuch. Als Verhandlungspartner stand erneut Sir Ernest Cassel zur Verfügung, der schon mehrfach sein Interesse an dem Projekt bekundet hatte und auch als Vertrauensmann der englischen Regierung und des Königs Eduard gelten konnte. Cassel stellte in diesen Besprechungen die Überlassung des südlichen Stückes der Bagdadbahn (von Bagdad bis zum Golf) an eine unter englischer Kontrolle stehende Gesellschaft zur Diskussion. Dafür wollte England jeden Widerstand gegen das Unternehmen aufgeben und der deutschen Gruppe nördlich von Bagdad freie Hand lassen.

Die Besprechungen gerieten 1910 ins Stocken, ja sie wurden abgebrochen durch einen scharfen englisch-französischen Vorstoß gegen den deutschen Einfluß in der Türkei. Fragen einer konkurrierenden Linie, die von Nordsyrien durch das Euphrattal nach Bagdad führen sollte, sowie die vom englischen Botschafter verlangte Konzession einer Bahn von Bagdad nach dem Golf spielten hier eine Rolle. Die Verhandlungen wurden wieder einmal »eingefroren«. Beide Seiten versuchten nunmehr, ihre Interessen in jeweils bilateralen Gesprächen mit der türkischen Regierung zu festigen.

Der deutschen Seite ging es dabei zunächst um einen Weiterbau der Bahn vom bisherigen Endpunkt Tel-el-Helif nach Bagdad und insbesondere um eine Verständigung mit den Türken über die Art der Finanzierung. Nach langwierigen Verhandlungen zwischen der Bagdadbahn-Gesellschaft und türkischen Vertretern konnte am 21. März 1911 eine »Zusatzkonvention« abgeschlossen werden. Sie umfaßte zunächst den Weiterbau der Eisenbahn von Tel-el-Helif nach Bagdad (600 Kilometer), den Bau und Betrieb einer 70 Kilometer langen Zweigbahn von Osmanie nach Alexandrette (Iskenderun) sowie den Bau und Betrieb eines Hafens in Alexandrette. Damit würde es nach Fertigstellung der Bagdadbahn eine Eisenbahnverbindung von einem Mittelmeerhafen zum Golf geben, wie sie so oft in der Vergangenheit geplant worden war.

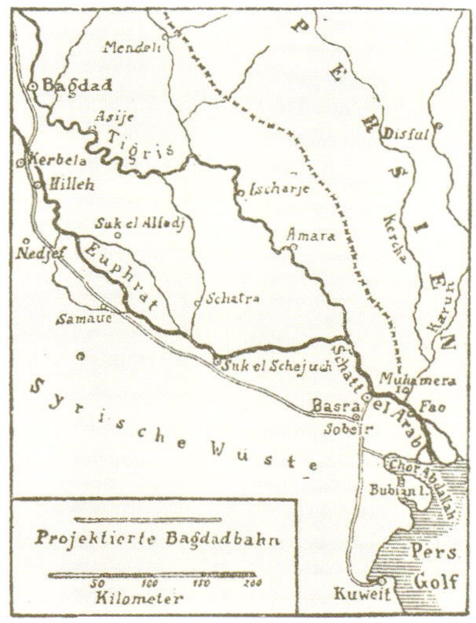

Aus der *Frankfurter Zeitung* vom 27. Mai 1913

Der neue Harun al-Raschid – Karikatur auf Wilhelm II. aus der englischen Zeitung *Punch* (1911)

Gleichzeitig übergab die deutsche Seite der türkischen Regierung eine Erklärung, wonach sie unter gewissen Bedingungen bereit war, die Golflinie an eine neue Gesellschaft zu vergeben, »falls in derselben das deutsche Kapital mindestens ebenso viele Anteile habe, wie das des meistbegünstigsten nicht-ottomanischen Staates«. Man dachte dabei an eine Kapitalbeteiligung von je 25 Prozent für Deutschland, Großbritannien, Frankreich und die Türkei.

Auch die Finanzierung gelang es definitiv zu regeln: Als Garantien standen die ständig wachsenden Überschüsse der »Revenues Concédés« zur Verfügung sowie die ebenfalls steigenden Mehreinnahmen der für die Anatolische Bahn verpfändeten Einnahmen aus den »Zehnten«. Die Bagdadbahn-Gesellschaft verzichtete dabei ausdrücklich auf die Erträge der geplanten Erhöhung der türkischen Einfuhrzölle.

Überdies gelang es dem nach Konstantinopel entsandten Karl Helfferich, der 1908 in den Vorstand der Deutschen Bank eingetreten war, im Dezember 1910 eine »4% Kaiserlich Ottomanische Anleihe« (Zollanleihe) in Höhe von 160 Millionen Francs abzuschließen. Sie wurde im Jahre 1911 durch ein von der Deutschen Bank geführtes Konsortium, in dem fast die gesamte deutsche und österreichische Bankenwelt vertreten war, mit Erfolg emittiert. Ursprünglich hatte sich die Türkei zunächst in Paris, später in London, ohne Erfolg um diese Anleihe bemüht. Diese aus »politischen« Gründen unternommene Aktion stellte freilich eine erhebliche Belastung des deutschen Kapitalmarktes dar, zumal erst kurz zuvor die Bagdadbahn-Anleihe, Serie II, untergebracht werden mußte. Die geplante dritte Bagdadbahn-Anleihe in Höhe von 119 Millionen Francs konnte daher nicht begeben werden, sondern wurde von dem Bankensyndikat erst beliehen und später übernommen.

Politische Krisen traten störend hinzu: Der 1911 beginnende Türkisch-Italienische Krieg und die folgenden Balkankriege waren nicht dazu angetan, Kapital in diesen Regionen zu investieren.

Oben: England stoppt die Bagdadbahn, Karikatur von 1913

4%

Kaiserlich Ottomanische Anleihe von 1911

mit Sonder-Verpfändung der Zolleinnahmen des Vilayets Constantinopel,

im Nennbetrage von

L. T. 11.000.000 = M. 204.000.000 = oest. K. 239.250.000 = Frs. 250.000.000 = £stg. 10.000.000 = holl. Fl. 120.000.000.

ERSTER TEIL

von L. T. 7.040.000 = M. 130.560.000 = oest. K. 153.120.000 = Frs. 160.000.000 = £stg. 6.400.000 = holl. Fl. 76.800.000

ausgegeben in Inhaber-Obligationen

von je L. T. 22 = M. 408 = oest. K. 478 1/2 = Frs. 500 = £stg. 20 = holl. Fl. 240 bezw. deren Fünffachem und Zwanzigfachem

und zwar in

1.500 zwanzigfachen Obligationen No. 1—No. 1.500
31.000 fünffachen Obligationen ... No. 1.501—No. 32.500
135.000 einfachen Obligationen ... No. 32.501—No. 167.500.

Tilgbar spätestens innerhalb 41 Jahren, durch Rückkäufe oder Auslosungen.

Titel einer **fünffachen** Obligation auf den Inhaber

№ 000000

von

L. T. 110 = M. 2040 = oest. K. 2392 1/2 = Frs. 2500 = £stg. 100 = holl. Fl. 1200

bezw. **Goldpiaster 440 = M. 81,60 = oest. K. 95,70 = Frs. 100 = £stg. 4 = holl. Fl. 48** jährliche Zinsen, zahlbar in Gold zur Hälfte am **2. Januar** (n. St.) und am **1. Juli** (n. St.) eines jeden Jahres.

Diese Anleihe ist von der Kaiserlich Ottomanischen Regierung auf Grund des Artikels 20 des Finanzgesetzes für das Jahr 1326 (1910/11) geschaffen worden.

Die Obligationen der gegenwärtigen Anleihe und ihre Zinsscheine sind im Ottomanischen Reich für immer von allen Steuern, Abgaben und Stempeln befreit.

Die Kaiserlich Ottomanische Regierung verpflichtet sich, bei der Zahlung der Coupons und der Rückzahlung der Obligationen keinerlei Kürzung oder Abzug vorzunehmen.

Die Deutsche Bank ist mit dem Zinsen- und Tilgungsdienst der gegenwärtigen Anleihe unwiderruflich und für ihre ganze Dauer betraut. Sie ist ermächtigt, andere Zahlstellen, sei es in Deutschland oder in anderen Ländern, zu bestimmen.

ZINSEN. — Die halbjährlichen Zinsscheine sind zahlbar in Gold nach Wahl der Inhaber in Constantinopel mit Goldpiaster 220, in Berlin, Frankfurt a/M. und Hamburg mit M. 40,80, in Wien und Budapest mit oest. K. 47,85, in Paris, Brüssel und Zürich mit Frs. 50, in London mit £stg. 2 und in Amsterdam mit holl. Fl. 24.

TILGUNG. — Die Tilgung, welche jährlich 1% vom Nennwert der Anleihe beträgt, wird durch Rückkäufe unter pari erfolgen und im Wege jährlicher Auslosungen zu pari, falls Rückkäufe unter dem Nennwerte nicht vorgenommen werden können. Die Auslosungen werden gegebenenfalls zweimal im Jahre durch die Deutsche Bank im Finanzministerium zu Constantinopel in Gegenwart eines Delegierten des Finanzministers, eines Delegierten der Deutschen Bank und eines Notars vorgenommen werden, und zwar zwei Monate vor Fälligkeit der Coupons.

Das Ergebnis jeder Ziehung wie alle den Dienst der gegenwärtigen Anleihe betreffenden Anzeigen werden in zwei Constantinopler, zwei Berliner Zeitungen, einer Frankfurter, einer Hamburger, einer Wiener, einer Budapester, einer Pariser und einer Schweizer Zeitung veröffentlicht werden.

Die Auszahlung der ausgelosten Obligationen wird gleichzeitig mit der Zahlung der Zinsscheine erfolgen.

Bei der Einlösung der ausgelosten Obligationen müssen sich alle an dem für die Einlösung bestimmten Tage noch nicht fällig gewordenen Coupons an den Stücken befinden; für fehlende Coupons wird der dem Inhaber des gelosten Stückes auszuzahlende Betrag entsprechend gekürzt.

VERJÄHRUNG. — Fällige Coupons, die innerhalb von fünf Jahren nach ihrem Fälligkeitstage nicht zur Zahlung vorgelegt sind, sowie ausgeloste Stücke, die innerhalb von fünfzehn Jahren nach ihrem Fälligkeitstage nicht zur Zahlung vorgelegt sind, verfallen zugunsten des Kaiserlich Ottomanischen Staatsschatzes.

GARANTIEN. — Um die regelmässige Zahlung der für Verzinsung und Tilgung der Anleihe erforderlichen Beträge, die sich jährlich auf L. T. 550.000 belaufen, zu sichern, überweist und verpfändet die Kaiserlich Ottomanische Regierung unwiderruflich und unter Verzicht auf anderweitige Verwendung ihrerseits bis zur vollständigen Tilgung des Nennwertes der Obligationen jährlich den Betrag von L. T. 550.000 aus den Zolleinnahmen des Vilayets Constantinopel. Die Hauptverwaltung der Zölle und indirekten Steuern hat die Einnahmen der Hauptzolldirektion von Constantinopel nach Abzug der Verwaltungs- und Erhebungskosten dieser Einnahmen monatlich an die Filiale der Deutschen Bank in Constantinopel abzuführen, und zwar vom 1. Januar (n. St.) und 1. Juli (n. St.) jedes Jahres ab bis zu dem Zeitpunkt, an welchem sich der Halbjahrsbetrag von L. T. 275.000 in den Händen der Filiale der Deutschen Bank in Constantinopel befindet.

Die Kaiserlich Ottomanische Regierung behält sich das Recht vor, vom 2. Juli (n. St.) 1921 ab jederzeit die gegenwärtige Anleihe nach einer öffentlichen, mindestens zwei Monate vorher erfolgten Ankündigung durch Einlösung aller Obligationen zu pari aus dem Umlauf zu ziehen.

Constantinopel, den 1. März 1911.

Für die Kaiserlich Ottomanische Regierung
Der Finanzminister

Der Delegierte der Deutschen Bank

Kaiserlich Ottomanische Anleihe von 1911 (Zollanleihe)

SCHWIERIGE BAUARBEITEN

Nachdem die Finanzierung gesichert war, konnten auch die Bauarbeiten fortgesetzt werden. In Burgulu endete 1904 der erste Abschnitt der Bagdadbahn. 1909 ging es endlich weiter. Am 1. Dezember desselben Jahres wurde die »Gesellschaft für den Bau von Eisenbahnen in der Türkei« gegründet. Als Sitz wurde Glarus in der Schweiz gewählt, um ihr auch äußerlich das internationale Gepräge zu geben, das sie nach der Zusammensetzung ihrer Aktionäre besaß. Das Aktienkapital in Höhe von 10 Millionen Franken übernahmen die Deutsche Bank, Philipp Holzmann & Cie., die Banque Ottomane in Paris, die Schweizerische Kreditanstalt in Zürich, der Wiener Bankverein und die Banca Commerciale in Mailand.

Die Bauarbeiten, die unter der Leitung von Otto Riese, dem Vorsitzenden des Direktoriums der Firma Holzmann, standen, begannen an mehreren Stellen gleichzeitig. Das nun zu überwindende Taurusgebirge mit über 3000 Meter Höhe machte umfangreiche Tunnelbauten erforderlich, ebenso wie das östlich von Adana folgende Amanusgebirge. Die zwischen den Tunnelstrecken liegenden Abschnitte wurden daher zuerst gebaut, die Tunnelbauten durch die beiden Gebirge brauchten dagegen noch Jahre und wurden erst im Ersten Weltkrieg für militärische Transporte fertiggestellt.

Otto Riese leitete die Bauarbeiten für die Bagdadbahn ab Konya

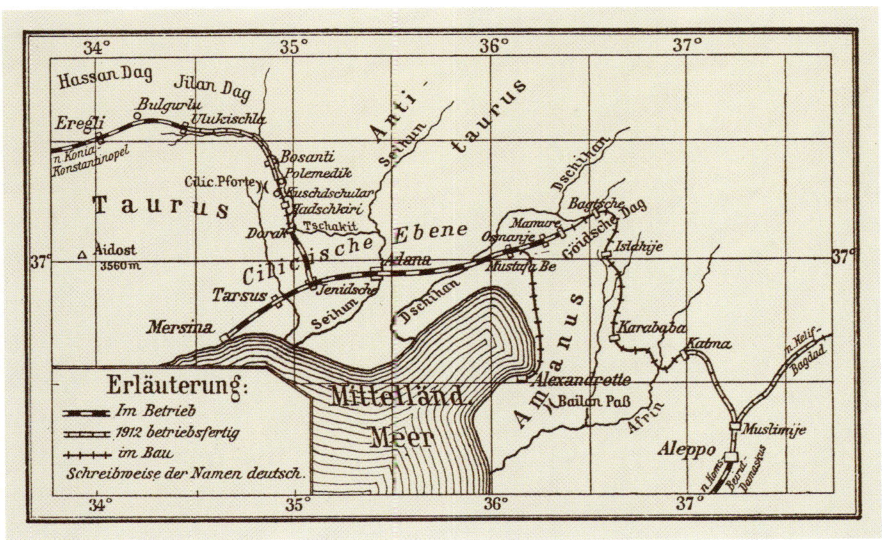

Der Durchbruch der Eisenbahn durch das Taurus- und das Amanusgebirge

Straßenbau im Taurusgebirge: Zum Bau der Bahnstrecke mußte erst eine Dienststraße gebaut werden

Hinter Burgulu stieg die Bahnlinie an und erreichte in Ulukischla ihren höchsten Punkt mit 1467 Metern. Sie folgte dann dem Laufe des Tschakit (Cakir) bis Karapunar und trat in die große Tschakitschlucht ein, die mit schroff abfallenden, bis zu 1000 Meter hohen Wänden in das Gebirge eingeschnitten ist. In ihr mußte sie mit Rücksicht auf die bestehende Steinschlag- und Rutschgefahr in den rechten Talhang verlegt werden, dessen Vorsprünge und Rinnsale sie abwechselnd mit Tunneln durchfährt und mit Talbrücken und hohen Dämmen überschreitet. Außer zahlreichen Brückenbauwerken waren auf dieser Strecke zwölf Tunnel von 11 762 Meter Gesamtlänge zu bauen. Die Bahn stieg dann in die Kilikische Ebene nach Adana hinab und überquerte die Flüsse Seihun (Seyhan) und Dschihan (Ceyhan). Im Jahre 1912 hatte sie dieses Ziel erreicht. Die Länge der Bahn betrug zu diesem Zeitpunkt rund 1500 Kilometer.

Nach Durchquerung der Vorberge des Amanusgebirges begann der technisch wiederum äußerst schwierige Aufstieg nach dem Kamm dieser Bergkette. Die Trasse verlief weiter nach Bagtsche (Bahce) und gelangte sodann an den rund fünf Kilometer langen Scheiteltunnel durch den Amanus, den längsten Tunnel der Bagdadbahn. Die Bahn fuhr wieder hinab in die Ebene, überquerte den Heredere in einer

276 Meter langen Talbrücke und gelangte nach Katma, wo die 55 Kilometer lange Verbindungsstrecke nach Aleppo abzweigte.

In Muslimije begann der nach Mesopotamien führende Streckenteil, der bei Djerablus (Jarablus) den Euphrat erreichte und diesen zunächst mit einer Holzbrücke, dann mit einer großen Stahlbrücke überquerte. Die große zehnbogige Brücke mit ihren 10 × 80 Meter Stützweite wurde 1915 fertiggestellt. Durch das Tal des Karamuch, über die Ausläufer des Tektekgebirges lief die Trasse weiter bis Nisibin.

Von der anderen Seite, von Bagdad aus, wurde in nördlicher Richtung, auf Mosul zu, entgegengebaut. Die Leitung des Bauabschnitts Bagdad übernahm Heinrich August Meißner-Pascha, der Erbauer der berühmten Hedschasbahn, der 1910 zur Anatolischen Eisenbahn-Gesellschaft gekommen war. Das brennendste Problem, das er zu lösen hatte, bestand in dem schnellen Heranschaffen der Baustoffe, die vom Persischen Golf über Basra nach Bagdad gebracht werden mußten. Die Transporte über Basra dauerten oft sechs Monate und mehr, und die auf dem Fluß verkehrenden Schiffe konnten noch nicht einmal den normalen Handelsverkehr glatt bewältigen. Meißner verhandelte mit den britischen und türkischen Flußschiffahrtslinien, die ihre zehn Schiffe zum Transport für die Bagdadbahn zur Verfügung stell-

Karapunar im Taurus: Baumaterial kommt auf dem Kamelrücken (1913)

Tunnelbauten im Amanusgebirge

Im Amanusgebirge

Die alte Holzbrücke über den Euphrat (1913)

Die Stahlbrücke über den Euphrat (1915)

ten, und schloß mit ihnen außerdem einen Vertrag zum Betrieb eigener Schiffe ab.

Am 28. Juli 1912 fand in Bagdad der erste Spatenstich für den Bahnbau statt, südwestlich der Stadt, an dem Punkt, an dem das zukünftig vom Flußhafen ausgehende Gleis die geplante Bahnhofsanlage berührte. Bis 1917 konnten noch rund 120 Bahnkilometer bis Samarra fertiggestellt werden. Dann ruhten hier auf deutscher Seite die Arbeiten, da die Engländer seit März 1917 über Bagdad nach Norden vorrückten. Sie verlängerten die Eisenbahn zunächst bis Scharkat, rund 200 Kilometer nördlich von Bagdad, brachen dann jedoch die letzten 80 Kilometer Gleise wieder ab, so daß der südliche Stumpf der Bagdadbahn bei Beidschi endete.

Heinrich August Meißner-Pascha, der Erbauer der Hedschasbahn und Leiter des Bauabschnitts Bagdad der Bagdadbahn

Ende Mai 1914 hatte die Deutsche Bank zudem beschlossen, eine Zweigstelle in Bagdad zu errichten. Sie sollte der Konstantinopler Filiale unterstellt sein, und ihre Gründung erfolgte im Hinblick auf die erhoffte wirtschaftliche Erschließung Mesopotamiens durch die Bagdadbahn. Die Tätigkeit der Zweigstelle wurde jedoch bereits 1917 wieder eingestellt.

Im Norden ging der Bau zunächst noch weiter. 1918 führte die Bagdadbahn bis Nisibin, und auch die Übergänge über den Taurus und den Amanus waren aus militärischen Gründen in den Jahren 1917 und 1918 vollendet worden. Insgesamt existierte nach Einstellung der Kriegshandlungen 1918 jedoch immer noch eine Lücke von rund 300 Kilometern in der Bahnlinie.

1911 und 1912 hatte es bereits empfindliche Störungen auf den Baustellen gegeben. Der Krieg der Türkei mit Italien und auf

Die erste Lokomotive in Bagdad 1912 (Hersteller: Borsig); vermutlich eingesetzt beim Bau der Strecke

dem Balkan beeinträchtigte die Arbeiten durch die Ausweisung der zahlreichen beschäftigten Italiener, durch die Mobilmachung der türkischen Arbeiter und die Behinderung der Materialtransporte. Für die Beförderung der umfangreichen Baugüter aus Europa, die im Hafen von Mersina eintrafen, mußte die »Gesellschaft für den Bau von Eisenbahnen in der Türkei« einen leistungsfähigen eigenen Schiffspark betreiben. Die Baumaterialien für den nördlichen Teil der Strecke wurden sodann zum Teil per Bahn, zum Teil auf Kamelrücken in tagelangen Märschen an die Baustellen transportiert.

Der Eintritt der Türkei in den Ersten Weltkrieg (1. November 1914) verschärfte die Lage weiter. Die erforderlichen Arbeitskräfte waren immer schwerer zu bekommen, und nach der Vertreibung der Armenier aus dem Lande standen nur noch die »Heeresuntauglichen« zur Verfügung, in der Mehrzahl ungeübte Kräfte.

Zeitweise wuchs trotzdem die Arbeiterzahl der Gesellschaft auf 35000 Menschen an. Die Organisation der Verpflegung gestaltete sich sehr schwierig, und die Baugesellschaft hatte sich selbst um die Beschaffung und die Verteilung der Lebensmittel zu kümmern. Dazu waren die bisher flüssig gemachten Geldmittel für den Bau erschöpft, und an eine Ausgabe neuer Anleiheserien war nicht zu denken.

Anfang 1918 trat die Baugesellschaft in Glarus in der Schweiz in Liquidation. Die Deutsche Bank und die Firma Holzmann gründeten jedoch sofort eine neue Gesellschaft unter gleichem Namen und brachten das Stammkapital von 1 Million Mark allein auf, die

Lokomotiven der Bagdadbahn (Hersteller: Hanomag und Borsig)

Deutsche Bank zu zwei Dritteln, Holzmann zu einem Drittel. Der Ausgang des Ersten Weltkrieges und die territorialen Neuordnungen auf dem Gebiete des ehemaligen Osmanischen Reiches schufen jedoch eine völlig neue Situation.

Gepäckwagen der Bagdadbahn, hergestellt von der Maschinenfabrik Augsburg-Nürnberg

Zeittafel für den Bau der Bagdadbahn

Streckenabschnitt	Länge (in km)	Eröffnungsdatum
Konya–Burgulu	200	25. 10. 1904
Burgulu–Ulukischla	38	1. 7. 1911
Ulukischla–Karapunar	53	21.12. 1912
Karapunar–Dorak (Taurusübergang)	37	9. 10. 1918
Dorak–Jenidsche–Adana–Mamure	114	27. 4. 1912
Mamure–Islahie (Amanusübergang)	54	1. 8. 1917
Islahie–Radju	46	19. 10. 1915
Radju–Muslimije–Aleppo–Djerablus	202	15. 12. 1912
Djerablus–Tel Ebiad	101	11. 7. 1914
Tel Ebiad–Tuem	62	1. 6. 1915
Tuem–Raselain	41	23. 7. 1915
Raselain–Derbizie	61	Febr. 1917
Derbizie–Nisibin	59	30. 6. 1918
Nisibin–Samarra	466	15. 7. 1940
Samarra–Istabulat	21	7. 10. 1914
Istabulat–Sumike	37	27. 8. 1914
Sumike–Bagdad	61	2. 6. 1914

DIE POLITISCHE VERSTÄNDIGUNG MIT FRANKREICH UND ENGLAND

Kurz vor Kriegsausbruch 1914 gelang es der Deutschen Bank jedoch noch, die politischen Interessen abzuklären. Verhandlungen zwischen Karl Helfferich, dem Vorstandsmitglied der Deutschen Bank, und A.J. Revoil, dem Generaldirektor der Banque Ottomane, führten zu einem Abkommen zwischen beiden Instituten, das am 15. Februar 1914 im Auswärtigen Amt in Berlin paraphiert wurde. Die Regierungen wollten anschließend nach »endgültiger Prüfung durch Notenaustausch von den Abmachungen« Kenntnis nehmen.

Das Abkommen regelte die beiderseitigen Eisenbahninteressen in der Türkei: Während Nord- und Ostanatolien sowie Syrien der französischen Einflußsphäre zugerechnet wurden, galten Westanatolien und die Provinzen beiderseits der Bagdadbahn als Einflußgebiete der deutschen Gruppe. Die französische Seite sicherte sich in diesem Zusammenhang Optionen auf umfangreiche Eisenbahnbauten am Schwarzen Meer und in Ostanatolien. Aus dem Bagdadbahn-Projekt schied sie dagegen aus. Die Deutsche Bank übernahm von der Banque Ottomane die Aktien der Bagdadbahn-Gesellschaft; eine Summe von 70 Millionen Francs sollte sie hierfür zahlen. Der Besitzwechsel kam wegen des Kriegsausbruchs freilich nicht mehr zustande. Abschließend wurde noch eine deutsch-französische Zusammenarbeit zur Konsolidierung der türkischen Staatsfinanzen vereinbart, die nach dem Krieg auf dem Balkan und gegen Italien wieder einmal völlig zerrüttet waren.

Im Juni 1914 trugen auch die oft beschriebenen Bemühungen um eine Verständigung mit der englischen Seite endlich Früchte. Nach über einjährigen Verhandlungen paraphierten der englische Außenminister Sir Edward Grey und der deutsche Botschafter Karl Max Fürst Lichnowsky am 15. Juni 1914 in London das »Abkommen über die Bagdadbahn« sowie verschiedene Zusatzabkommen: Die Bagdadbahn-Gesellschaft verzichtete nunmehr darauf, über Basra hinaus in Richtung auf den Golf zu bauen. England erklärte sich dafür mit dem Ausbau der Bagdadbahn bis Basra einverstanden und sagte zu, keine Konkurrenzbahnen zur Bagdadbahn zu bauen oder zu unterstützen. Überdies erklärte sich die britische Regierung bereit, die Finanzierung des restlichen Teils der Bagdadbahn dadurch zu fördern, daß die Mehreinnahmen aus der geplanten Zollerhöhung der Türkei für den Bahnbau verwendet werden konnten.

Ihren Einfluß auf die Bagdadbahn sicherten sich die Engländer durch das Recht, eine britische Finanzgruppe am Kapital der Bagdadbahn-Gesellschaft zu beteiligen, zwei Sitze im Verwaltungsrat der Gesellschaft zu besetzen, sowie durch die Einräumung einer Beteiligung von 40 Prozent an den Gesellschaften, die für den Bau und den Betrieb der Hafenanlagen in Bagdad und Basra errichtet werden sollten. Die deutsche Seite erkannte eindeutig die britische Sonderstellung am Nordufer des Persischen Golfes an: Die Schiffbarmachung und Schiffbarhaltung des Schatt el-Arab wurde einer von England kontrollierten Kommission unterstellt, und das britische Schiffahrtsmonopol auf Euphrat und Tigris blieb bestehen – unter Gewährung einer deutschen und türkischen Beteiligung an der englischen Flußschiffahrts-Gesellschaft.

Die deutsch-englischen Abkommen enthielten eine Vielzahl von weiteren Bestimmungen, so zum Beispiel über Bewässerungsanlagen in Mesopotamien, die Tarifpolitik der Bahn sowie Zugeständnisse an die englische Smyrna-Aydin-Eisenbahngesellschaft, die ihr Netz erheblich ausdehnen wollte. Daß sowohl das deutsch-britische als auch das deutsch-französische Abkommen nicht mehr unterzeichnet werden konnten, lag zunächst am türkischen Widerstand und dann am Ausbruch des Ersten Weltkrieges, der mit so vielen anderen auch dieses Vertragswerk unter Trümmern begrub.

DIE BAGDADBAHN IM ERSTEN WELTKRIEG

Gleich bei Kriegsausbruch gab es Probleme für die Bagdadbahn, als die türkische Regierung Zahlungen stornierte und das deutsche Aufsichtspersonal in Mesopotamien vor den aufgebrachten türkischen Arbeitern, die ihren Lohn nicht bekommen hatten, in Sicher-

Truppentransport der türkischen Armee auf der Bagdadbahn

Die Deutsche Bank sucht Personal für die Bagdadbahn: Stellenanzeige aus dem Jahre 1917

Franz Günther, Vizepräsident der Anatolischen Eisenbahn-Gesellschaft von 1911 bis 1924

heit gebracht werden mußte. Besser wurde die Lage im November, als die Türkei in den Krieg eintrat und die Bahn militärische Bedeutung für den Truppentransport gewann. Jetzt ergab sich die große Chance, all das, was vorher nicht ausgeführt werden konnte, vor allem die Schließung der Bahnlücken im Taurus und Amanus und den Weiterbau des mesopotamischen Streckenteils, nun unter Kriegsbedingungen im Rahmen eines beschleunigten und gut ausgestatteten Bauprogramms zu verwirklichen.

Was den mesopotamischen Teil der Bahn betraf, so entbehrten die vorgetragenen Argumente nicht eines gewissen imperialistischen Ehrgeizes. Das galt für Militärs vom Range eines Feldmarschalls Colmar von der Goltz, der die Vision eines Vormarsches nach Ägypten und Indien beschwor, und auch für Diplomaten wie Dr. Schönberg von der deutschen Botschaft in Konstantinopel, der in einer umfangreichen Denkschrift die Forderung stellte, Deutschland müsse die Briten am Persischen Golf herausfordern, und dafür sei die Verlängerung der Bahn nach Mesopotamien das beste Mittel. Franz Günther, der Vizepräsident der Anatolischen Eisenbahn-Gesellschaft, leitete dieses Exposé im September 1915 billigend an Arthur von Gwinner weiter, war jedoch klug genug zu wissen, daß Deutschland den Krieg nicht um solcher Ziele willen führen würde.

Die von der Anatolischen Eisenbahn-Gesellschaft in der ersten Kriegsphase unterbreiteten Empfehlungen für die Beschleunigung der Bauarbeiten wurden von der Deutschen Bank nur sehr halbherzig unterstützt. Gwinner und Emil Georg von Stauß, der Anfang 1915 als Nachfolger Helfferichs in den Vorstand der Deutschen Bank eintrat, wollten erst einmal Vorschüsse aus der deutschen Staatskasse sehen, um anfallende Kosten zu decken. Doch die zivilen und militärischen Instanzen des Reiches zögerten mit solchen Vorleistungen. Die Kredite, die Reichsregierung und Bahngesellschaft den Türken schließlich anboten, wollten diese zu den vorgeschlagenen Konditionen jedoch nicht akzeptieren.

Als man in Berlin schließlich Anfang 1916 ernsthaftes Interesse am Weiterbau der Bahn bekam – nachdem die Niederlage Serbiens direkte Nachschubwege in die Türkei eröffnet hatte und damit größere Unternehmungen in Nahost durchführbar schienen –, verlangten sowohl die Deutsche Bank als auch die Bahngesellschaft eine

Reichsbürgschaft. Sie offerierten den Türken jedoch äußerst ungünstige Konditionen, fast so, als hätten sie das Interesse an dem ganzen Unternehmen verloren. Erst als die türkische Regierung drohte, die Bahnlinie selbst weiterzubauen und die Anatolische Eisenbahn-Gesellschaft von dem Unternehmen auszuschließen, gaben Gwinner und Stauß nach. Der geschlossene Vertrag enthielt Zahlungsklauseln, die von der türkischen Seite jedoch zu keiner Zeit erfüllt wurden, so daß immer wieder das Reichsschatzamt einspringen mußte.

Die Bagdadbahn war in vieler Hinsicht zum Problem geworden. Besonders bedrückend wurde die Situation, als die am Projekt Beteiligten zu unmittelbaren Zeugen des türkischen Völkermords an den Armeniern wurden. Mitleiderregende und haarsträubende Berichte füllten nun die Akten der Hauptverwaltung der Bahngesellschaft in Konstantinopel. Franz Günther schrieb daher am 17. August 1915 an Gwinner:

»Man muß in die Geschichte der Menschheit weit zurückgehen, um etwas Ähnliches an bestialischer Grausamkeit zu finden wie die Ausrottung der Armenier in der heutigen Türkei. Die Judenpogrome in Rußland, die ich kenne, sind vergleichsweise Kinderspiel, und man muß schon die Vertreibung der Mauren aus Spanien und die Christenverfolgung Roms heranziehen, um eine Analogie zu finden zu dem, was sich hier abspielt.«

Günther schilderte die Vertreibungen und Mißhandlungen, die entlang der Bahnstrecke registriert worden waren, und kam zu einer entsetzlichen Schlußfolgerung: »Es scheint, daß die Regierung den ganzen Stamm ausrotten will mit Stumpf und Stiel, denn darauf nur kann ihr Gebaren hinauskommen, und wenn's so weiter geht, wird es ihr nur zu gut gelingen. Es sind rund 2 Millionen armenische Einwohner, davon sollen bereits 25 Prozent umgekommen sein. Tatsache ist jedenfalls, daß die östlichen Provinzen schon jetzt armenierrein geworden sind.«

Zwei Monate später übersandte Günther an Gwinner weitere Berichte, die er erhalten hatte, und legte eine Fotografie bei. Sie zeigt eine große Zahl von Armeniern, die in einen Zug hineingepfercht worden waren. »Einliegend sende ich Ihnen ein Bildchen«, kommentierte er, »die Anatolische Bahn als Kulturträgerin in der Türkei darstellend. Es sind das unsere sogenannten Hammel-

Abtransport von Armeniern mit den »Hammelwagen«

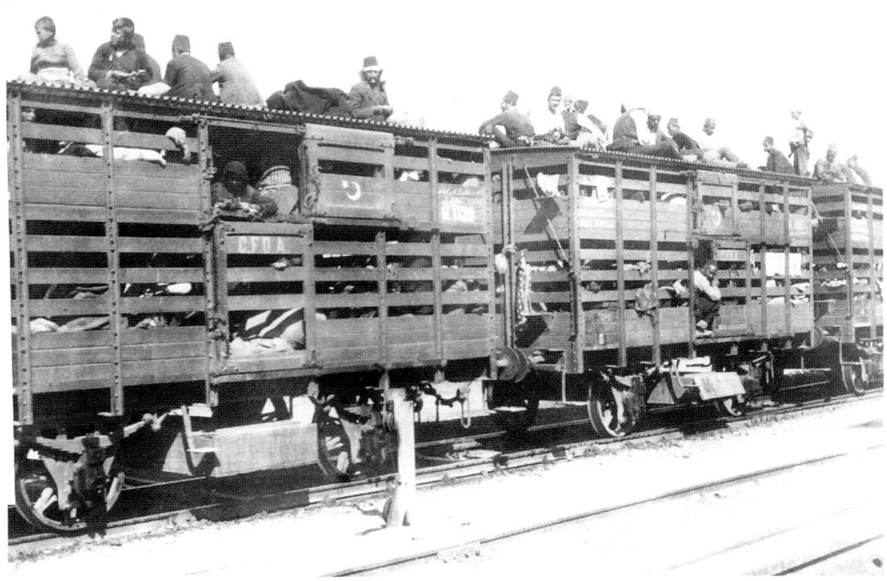

wagen, in denen beispielsweise 880 Menschen in 10 Wagen befördert werden.«

Günthers Briefe veranlaßten die Deutsche Bank, Geldmittel für Hilfsmaßnahmen zugunsten der Armenier bereitzustellen. Sie tat dies allerdings anonym, um nicht den Anschein zu erwecken, sie stehe einer mit dem Reich verbündeten Regierung feindselig gegenüber. Die Bahngesellschaft selbst konnte einige ihrer armenischen Angestellten und deren Familien retten.

Nach dem Krieg würdigten Armenier und Engländer die Haltung Franz Günthers und seiner Mitarbeiter. »Es war eine schreckliche Einstimmung auf moralische Zwangslagen, wie sie im 20. Jahrhundert noch öfter und in noch entsetzlicheren Dimensionen auftreten sollten, und es hob sich deutlich ab von den ansonsten eher gemischten Reaktionen seitens der Verbündeten und Gegner des Osmanischen Reiches auf diesen Völkermord.« (Gerald D. Feldman)

Die finanzielle Lage der Bagdadbahn wurde inzwischen immer bedrohlicher. Arthur von Gwinner erklärte auf der Hauptversammlung der Deutschen Bank 1917, daß die Beteiligung an der Bagdadbahn nach menschlichem Ermessen für die Bank einen Verlust nicht nach sich ziehen könne. Es verstehe sich, daß die Bank nicht nur im letzten, sondern auch schon in früheren Jahren für das Engagement sehr große Rückstellungen gemacht habe. Es sei jedoch unmöglich, das Unternehmen unter den Bedingungen der Konzession von 1903 weiter zu bauen oder zu betreiben.

Im Verlauf des Krieges wuchsen sowohl die Verschuldung der Bahn als auch ihre Betriebskosten laufend weiter an, und im Frühjahr 1917 waren Günther und seine Kollegen in der Direktion der Anatolischen Eisenbahn-Gesellschaft mit ihrem Latein am Ende. Das Auswärtige Amt in Berlin sperrte sich gegen schnelle Rettungsaktionen jeder Art, war es doch zu der Auffassung gelangt, eine finanzielle Sanierung der Bagdadbahn werde erst nach Ende des Krieges möglich sein.

Gwinner schlug im Mai 1917 einen Finanzierungsplan vor, der einen vom Deutschen Reich zu zahlenden Vorschuß in Höhe von 100 Millionen Mark vorsah. Als Sicherheit sollte das Reich die Bagdadbahn-Obligationen der Serien II und III erhalten, für die die Gesellschaft sich schon seit Jahren eine Verkaufsmöglichkeit erhofft hatte, und dazu die Majorität der Bagdadbahn-Aktien. Auf diese Weise würde die Bahngesellschaft die Mittel erhalten, die sie brauchte, um ihre Vorhaben bis Kriegsende und vermutlich sogar darüber hinaus weiterzuführen, bis zur Anerkennung eines neuen »Betriebsschlüssels« durch die Türken. Wie Gwinner hervorhob, bekäme das Reich auf diese Weise »die Möglichkeit, jederzeit wenn es will, die volle Kontrolle über die Bagdad-Gesellschaft auszuüben«.

Das Finanzierungsprogramm wurde im Juli 1917 von der deutschen Regierung positiv beschieden. Während damit das Schuldenproblem der Bahn zunächst gelöst war, blieben die weiter steigenden Betriebskosten ein fortwährendes Ärgernis. Die Türken ließen über den Verteilungsschlüssel von 1903 nicht mit sich reden und gewährten der Bahngesellschaft auch keinerlei Ausgleichszahlungen. Bis Kriegsende sollte die Bagdadbahn das Reich schließlich rund 360 Millionen Mark kosten.

DIE BAGDADBAHN NACH DER AUFLÖSUNG DES OSMANISCHEN REICHES

Das Ende des Ersten Weltkrieges veränderte die politische Landkarte der Türkei vollständig. Am 10. August 1920 unterzeichnete die Regierung des Sultans Mohammed VI. den Friedensvertrag von Sèvres, der – obwohl nie in Kraft getreten – die Auflösung des Osmanischen Reiches besiegelte. Die Alliierten beschränkten darin das Herrschaftsgebiet des Sultans auf das Kernland Anatolien sowie auf den europäischen Brückenkopf Istanbul. Neben Gebietsabtretungen großen Umfangs und Besetzungen türkischen Gebietes durch alliierte Streitkräfte mußte die türkische Regierung der Internationalisierung der Meerengen, der Besetzung Istanbuls, der Verselbständigung Armeniens sowie einer alliierten Militär- und Finanzkontrolle zustimmen.

Haltestelle der Anatolischen Bahn während des Ersten Weltkrieges

Die Gebiete südlich von Anatolien, durch die die Bagdadbahn verlief, erhielten Frankreich und England als Mandatsgebiete. Dort entstanden in den Folgejahren die selbständigen Staaten Syrien und Irak. Die Bagdadbahn selbst sollte in ihrem gesamten Verlauf internationaler Kontrolle unterstellt werden. Die Türkei weigerte sich jedoch, den Vertrag von Sèvres anzuerkennen, und traf verschiedene Sonderregelungen, darunter auch mit Frankreich. Beide Mächte legten daraufhin die Südgrenze Anatoliens so fest, daß die Trasse der Bagdadbahn bis Nisibin auf türkischem Gebiet verlief. Östlich anschließend folgte dann ein französischer – später syrischer – Teil, sodann der britische – später irakische – Streckenabschnitt. Zwar protestierten die Engländer gegen diese »nationalen Teilstrecken«, doch im neuen Friedensvertrag von Lausanne (24. Juli 1923) blieben diese Absprachen bestehen. Darüber hinaus gewann die Türkei die uneingeschränkte Kontrolle über Anatolien zurück.

Im Jahre 1919 hatten zunächst alliierte Besatzungstruppen die Eisenbahnlinien in der Türkei in Besitz genommen. Nach zum Teil blutigen Auseinandersetzungen kam das Bahnnetz in Anatolien 1923 in die Hände der türkischen Behörden. In langen wechselvollen Verhandlungen einigten sich die Anatolische Eisenbahn-Gesellschaft, die zugleich die Verwalterin der Bagdadbahn-Gesellschaft war, und die Türkische Republik im Jahre 1928: Die Gesellschaft trat ihre Linien, einschließlich Rollmaterial, Inventar und Materialien, ebenso ihren Grundbesitz, verschiedene Wertpapiere, Forderungen und Rechte für rund 440 Millionen Schweizer Franken an die türkische Regierung ab. Die Zahlung dieses Betrages sollte sich dabei über 73 Jahre, also bis zum Jahre 2002, verteilen. Für den Schweizer Franken wurde dabei eine Goldklausel vereinbart.

Bis 1935 hielt die Türkei den Zinsendienst aufrecht. Durch eine Vereinbarung zwischen der Regierung und der Bahngesellschaft wurde im Jahre 1937 die Goldklausel aufgehoben, und vom Februar 1939 an sollten die in Schweizer Franken festgesetzten Annuitäten zum jeweiligen amtlichen Tageskurs in türkischen Pfunden bezahlt werden.

1944 stellte die Türkei den Zahlungsdienst ein und nahm ihn auch 1945 nicht wieder auf. Bis dahin hatte sie rund 9 Millionen Schweizer Franken gezahlt. Der Zweite Weltkrieg machte auch dieses Abkommen zunichte.

1928 verkaufte die Deutsche Bank ihre im Portefeuille der Bank für Orientalische Eisenbahnen liegende Aktienmajorität an der Anatolischen Eisenbahn-Gesellschaft, ihre Anteile an der Bagdadbahn sowie einen großen Posten Obligationen der Anatolischen Eisenbahn-Gesellschaft an die türkische Regierung. Der Kaufpreis betrug 38,5 Millionen Schweizer Franken und stellte sich auf etwa 70 Prozent der verkauften Aktien und Obligationen. Die letzte Zahlung wurde 1931 geleistet. Die Bank für Orientalische Eisenbahnen ging daraufhin 1933 in Liquidation.

Als 1932 der neue Staat Irak formell selbständig wurde, gingen die Strecken der Bagdadbahn, die sich auf irakischem Gebiet befanden, entschädigungslos in Staatsbesitz über.

Die Bagdadbahn ist fertiggestellt.

Frankf. Ztg. **Feierliche Eröffnung des Zwischenstücks im Irak.** 16/7/1940

Mitten in die kriegerischen Umwälzungen Europas hinein kommt aus Vorderasien eine Nachricht, die heute fast wie eine Kunde aus vergangener Zeit anmutet: Die Bagdadbahn ist fertig, bis zum letzten Kilometer der Strecke fertig geworden. Auf der Station Tel Kutschuk an der Grenze zwischen Syrien und dem Irak veranstalten die irakischen Behörden am 15. Juli zur Vollendung des letzten Teilstücks der Bahn eine Feier, siebenunddreißig Jahre nachdem der erste Spatenstich zum Bau getan worden war. Bisher hatten die Reisenden, die von Haidarpascha (gegenüber Istanbul) über die Anatolische Bahn und den nördlichen Teil der Bagdadbahn kamen, in Tel Kutschuk an der irakischen Grenze den Taurus-Expreß verlassen müssen, sie wurden in Autobussen über Mossul nach Beidschi gebracht, wo die beiden Oelleitungen von Kerkuk zum Mittelmeer den Tigris und die Route der Bagdadbahn kreuzen. Dort konnten sie dann wieder einen Zug besteigen, der sie nach Samarra, nach Bagdad und weiter nach Basra in die Nähe des Persischen Golfes brachte. Jetzt, nach der Einweihung des fehlenden Zwischenstücks, können sie bei der Einfahrt in den Irak sitzenbleiben und durchfahren.

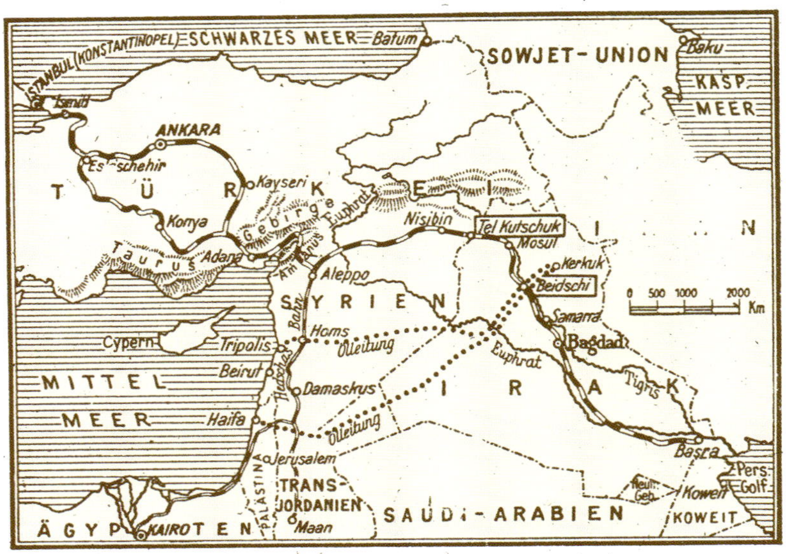

Die Kartenskizze zeigt nur die Linienführung der Bagdadbahn, des nördlichen Abschnitts der Hedschasbahn und der von den Engländern im Weltkrieg gebauten Verbindung mit Kairo an der syrisch-palästinensischen Küste, unter Fortlassung des übrigen vorderasiatischen Eisenbahnnetzes. Der Taurus-Expreß führt neuerdings nicht mehr über Konya, sondern weiter nördlich über Ankara und Kayseri nach Adana. Das nunmehr fertiggestellte Reststück der Strecke liegt zwischen Tel Kutschuk und Beidschi.

Eine Idee und ihre Gegner.

Die Bagdadbahn ist also fertig, und dennoch ist nicht das aus ihr geworden, was sich ihre deutschen Begründer, vor allem Georg von Siemens von der Deutschen Bank und nach seinem Tode (1901) Arthur von Gwinner, darunter vorgestellt hatten. Der Schienenweg vom Bosporus bis zum Persischen Golf sollte zwar eine Landbrücke vom Balkan bis zum Indischen Ozean werden, aber viel wichtiger als dieser Durchgangsweg war den Gründern der Charakter der Bahn als einer Lebensader, die das ganze damalige Osmanische Reich quer durchlaufen und die von ihr berührten Gebiete mit ihren Hinterländern wirtschaftlich erschließen sollte. Auch dem Deutschen Reiche, das damals mit der Türkei befreundet war, und der Türkei selbst winkten aus dem Unternehmen weitere Vorteile; den weit auseinanderliegenden Gebietsteilen des Osmanischen Reiches, die schon in jenen Jahren keinen besonders festen Zusammenhalt hatten, sollte durch den stählernen Strang der Bahn ein verwaltungsmäßig, wirtschaftlich und auch militärisch festeres Rückgrat gegeben werden.

Fast vier Jahrzehnte ist es jetzt her, daß (1903) die ersten Arbeiten zur Bagdadbahn begonnen wurden. Man konnte anknüpfen an die Arbeiten der Anatolischen Bahn, die, ebenfalls unter deutscher Führung, bereits Konstantinopel mit der Stadt Konya am Rande der Salzwüste verbunden hatte. Schon bald nach dem Bekanntwerden der ersten Konzession des Sultans an die neue Bagdadbahngesellschaft geriet der geplante Bahnbau auf den gefährlichen Boden der hohen Politik. England, das sich als künftiger Erbe der türkischen Außenbesitzungen Hoffnungen auf das Zweistromland und die Mündung der Ströme in den Persischen Golf gemacht hatte, protestierte in Konstantinopel gegen die Konzession, Frankreich, das seine Interessen in Syrien bedroht fühlte, schloß sich an, ebenso Rußland, das vor allem in Armenien keine türkischen Eisenbahnen sehen wollte und sich auch über eine Eisenbahnverbindung von Mesopotamien nach Persien Sorgen machte. Alle drei Mächte verstanden es, in dem ersten Jahrzehnt des Bahnbaues bis zum Beginn des Weltkrieges, ihre Einflüsse am Hofe des Sultans spielen zu lassen. Sie konnten zwar den Bau nicht verhindern, aber es gelang ihnen immerhin, die Konzessionierung neuer Strecken und vor allem ihre Finanzierung zu verzögern. So ist dies ganze erste Jahrzehnt gefüllt mit orientalischen Ränken, mit Arbeiteraufständen an den unfertigen Strecken, diplomatischen Demarchen, Anfragen in den Parlamenten und Zeitungspolemik.

1940: DIE BAGDADBAHN IST FERTIGGESTELLT

Die Bautätigkeiten an der Bagdadbahn waren im Zusammenhang mit der politischen Neuordnung zunächst zum Erliegen gekommen. Es bestand noch immer die schon erwähnte Lücke von rund 300 Kilometern in der Bahnverbindung zwischen Nisibin und Beidschi. Während des Ersten Weltkrieges bauten die Engländer die Verbindungsbahn von Bagdad nach Basra mit einer Abzweigung zur persischen Grenze und in das neu erschlossene Ölgebiet von Kerkuk. Die Franzosen führten die Bagdadbahn östlich von Nisibin weiter bis zur irakischen Grenze. Dort lag 1935 der Endpunkt des nunmehr »Taurusexpreß« genannten Zuges. Reisende mußten hier in den Bus steigen, bis sie in Kerkuk die Bahn nach Basra erreichten. Der irakische Staat baute schließlich in den Jahren 1936 bis 1940 die Bahnstrecke zu Ende. Am 15. Juli 1940, 36 Jahre nachdem der erste Spatenstich der Bagdadbahn getätigt worden war, wurde der letzte Kilometer der Strecke fertiggestellt. Der erste Reisezug konnte nun von Konstantinopel nach Bagdad fahren.

IMPERIALISMUS ODER WIRTSCHAFTLICHES UNTERNEHMEN?

Mit graduellen Unterschieden hatten fast alle Aktivitäten der Deutschen Bank im Ausland einen politischen Aspekt. Mehr als bei jedem anderen Vorhaben war die Bank beim Bau der Bagdadbahn auf die Zusammenarbeit und Unterstützung der Reichsregierung angewiesen, ebenso wie umgekehrt die Regierung wußte, daß sie dieses »wichtigste Projekt des deutschen Imperialismus« (Gregor Schöllgen) nicht ohne die Deutsche Bank in ihrem Sinne vorantreiben und in deutschen Händen halten konnte. Obwohl also die Deutsche Bank und das Auswärtige Amt ihre Ziele nur mit Unterstützung des jeweils anderen erreichen konnten, war doch auch deutlich, daß es nicht die gleichen Ziele waren, die sie verfolgten.

Linke Seite: Artikel der *Frankfurter Zeitung* vom 16. Juli 1940

Eine Haltestelle der Bagdadbahn im Irak (um 1935)

Während nämlich Siemens und später Gwinner vor allem die Rentabilität der Bahnlinie im Auge hatten und deshalb bemüht waren, die Finanzierung des Unternehmens auf eine möglichst breite internationale Grundlage zu stellen, und englische und französische Investoren für eine Beteiligung an der Bagdadbahn zu gewinnen suchten, war die deutsche Diplomatie bestrebt, den Bau der Bagdadbahn zur Ausweitung des deutschen Einflusses im Osmanischen Reich zu nutzen. Aus diesen Gründen befürworteten das Auswärtige Amt und der deutsche Botschafter in Konstantinopel, Marschall von Bieberstein, eine weitgehende Eigenfinanzierung über den deutschen Kapitalmarkt. Ausländische Beteiligungen sollten so gering wie möglich gehalten werden und lediglich der diplomatischen Absicherung dienen.

Die Unterhändler der Deutschen Bank berücksichtigten bei den Verhandlungen über den Bau, den Streckenverlauf und die Finanzierung der Bagdadbahn zwar stets sorgfältig die politischen Gegebenheiten, doch in erster Linie verstanden sie sich als Geschäftsleute. Ihr Hauptproblem bestand immer darin, die Finanzierung und die Rentabilität des Unternehmens sicherzustellen. »Die Deutsche Bank darf sich nicht in eine Situation begeben, bei welcher ihr zu irgend einer Zeit, vielleicht nach 10 bis 20 Jahren der Vorwurf gemacht werden kann, daß sie um des eigenen Gewinnes willen große deutsche Kapitalien in eine gefährliche Lage gebracht hätte«, schrieb Siemens im April 1900 in einem Bericht an seine Kollegen im Vorstand. Dabei leiteten ihn nicht so sehr nationale Überlegungen, sondern vor allem die Sorge um die Position der Deutschen Bank als Marktführer: »Ein solcher Vorwurf würde bei der Stellung, welche die Deutsche Bank im deutschen Kreditwesen errungen hat, den nachtheiligsten Einfluß nicht nur auf die Deutsche Bank, sondern auch auf die Erfüllung der Kreditbedürfnisse ihrer kolossalen heutigen Kundschaft ausüben.«

Indem die Deutsche Bank auf das Unternehmen Bagdadbahn einging, beugte sie sich zwar in gewisser Weise der Politik, vor allem dem Wunsch Wilhelms II. Bei den Verhandlungen der darauffolgenden Jahre versuchte sie jedoch im Gegenzug, sich das Drängen des Kaisers und des Auswärtigen Amtes zunutze zu machen und eine staatliche Absicherung der Finanzierung zu erreichen.

Einer der vielen Historiker, die sich mit dem Komplex des Bagdadbahn-Baus beschäftigt haben, kommt denn auch zu dem Schluß, daß es der Deutschen Bank »in erster Linie um die Sicherung der im Bagdadbahnunternehmen angelegten Kapitalien« gegangen sei: »Von einem Kampf um die Vorherrschaft des deutschen Exports oder des deutschen Handels im Orient kann auf seiten der Deutschen Bank kaum die Rede sein.« (Helmut Mejcher)

Als Karl Helfferich 1906 von der Kolonialabteilung des Auswärtigen Amtes in die Direktion der Anatolischen Eisenbahn-Gesellschaft wechselte, war man allerdings in der Öffentlichkeit allgemein der Ansicht, daß damit der Einfluß der Politik auf das Unternehmen weiter zunehmen werde. Helfferich bewährte sich in der Tat als Bindeglied zwischen der türkischen Regierung und den Vertretern der deutschen Diplomatie vor Ort einerseits sowie der Anatolischen Eisenbahn-Gesellschaft und dem Auswärtigen Amt in Berlin andererseits. 1908 wurde er schließlich nicht zuletzt wegen seiner erfolgreichen Vermittlerdienste in Konstantinopel in den Vorstand der Deutschen Bank berufen.

Es war Helfferich gewesen, der im Mai 1908 gegen den »Wunsch und Willen« seines Mentors Gwinner einen Vertrag zum Weiterbau der Bahnstrecke abgeschlossen hatte. Die Verantwortung für das Bagdadbahn-Projekt lag zum wesentlichen Teil bei Helfferich – nach dem späteren Urteil Franz Günthers, der als Vizepräsident der Anatolischen Eisenbahn-Gesellschaft maßgeblich daran beteiligt war, »ein politischer Fehler und ein wirtschaftlicher Unsinn«. Nach Günthers Einschätzung war Helfferich »von Natur mehr Politiker als alles andere und... bei dem Einfluß, den er in der Botschaft ausübte, mitverantwortlich für die deutsche Türkenpolitik zur damaligen entscheidenden Zeit«.

Beim Bau der Bagdadbahn waren wirtschaftliche Interessen der Investoren eng verflochten mit den Interessen der deutschen Außenpolitik, und die Deutsche Bank versuchte, beiden Seiten Rechnung zu tragen. Lothar Gall zieht 1995 das folgende Resümee:

»Darüber hatte sich, positiv oder kritisch formuliert, bei den Zeitgenossen immer mehr der Eindruck verfestigt, die Deutsche Bank sei, wie die *Frankfurter Zeitung* im März 1914 schrieb, ›längst über ihre privatwirtschaftlichen Interessen hinausgewachsen.‹

›Gerade das abgelaufene Jahr bestätigt diesen Ausspruch‹, fuhr die Zeitung fort: ›Denn die Deutsche Bank hat sich nicht darauf beschränkt, mit der Türkei groß Finanzgeschäfte abzuschließen, sondern sie macht dort ausgesprochen Politik, indem sie planmäßig der deutschen Wirtschaft die Wege ebnet. Das trat am deutlichsten hervor in den soeben glücklich abgeschlossenen deutsch-französischen Verhandlungen über die Interessenteilung in Kleinasien, die charakteristischerweise weniger von Diplomaten als von einem Direktor der Deutschen Bank geführt wurden.‹ Glücklich wäre ein Mann wie Siemens über solche Einschätzungen sicher nicht gewesen.«

Rechte Seite: Eine deutsche Bahn in Kleinasien. Abbildung aus der *Deutschen Illustrirten Zeitung*, Nr. 18, 1892

1. Alter Hafen in Eskischehir. — 2. Sabandschasee. — 3. Hannibals Grab in Guebzeh. — 4. Im Defilé von Karasu. — 5. Im Defilé von Karasu. — 6. Handelskarawane in Lefke. — 7. Brücke in Lefke. — 8. Station Bosjuk. — 9. Eingang des Defilé von Karasu. — 10. Viadukt von Tek-Demir.

Eine deut'che Bahn in Kleinasien. Nach Photographien von E. Berggren. (Seite 382.)

II. DIE WIRTSCHAFTLICHE BEDEUTUNG

Kleinasien, in der Antike als die Kornkammer Roms bezeichnet, war auch in dem uns hier interessierenden Zeitraum ein Agrarland mit einer großer Vielfalt an Bodenerzeugnissen. Die von der Eisenbahn durchquerten Gebiete des Kernlandes der Türkei zeichneten sich durch ihre bedeutende landwirtschaftliche Produktion aus. Das Hauptgetreide bildete der Weizen, der in großen Mengen ausgeführt wurde. Er war in seinem Ertrag von den Feuchtigkeitsverhältnissen des Bodens abhängig und gedieh daher vor allem an den Küsten und in den Flußtälern gut. Auf den trockenen Ebenen im Inneren des Landes wurde vor allem Gerste, in den Flußlandschaften des Westens und des Nordens Mais angebaut. Reis, Opium, Sesam, Tabak, Gemüse, Obst und Wein ergänzten die agrarische Produktpalette.

Der Schwerpunkt des Warenverkehrs lag für die Anatolische Bahn in dem aus Kleinasien kommenden Getreide, das einerseits für den Konsum der Hauptstadt und andererseits für den Export bestimmt war. Für den Betrieb der Bahn stellte sich daher schon bald die Notwendigkeit neuer und schnellerer Verlademöglichkeiten für die umfangreichen Getreidetransporte heraus.

DER AUSBAU DES HAFENS IN HAIDAR PASCHA

Der Anfangspunkt der Anatolischen Eisenbahn liegt in Haidar Pascha am Ausfluß des Bosporus in das Marmarameer, auf der asiatischen Seite Konstantinopels. Die hier erbaute Station war als Kopf der 1872 fertiggestellten kurzen Linie *Haidar Pascha–Ismid* nur in bescheidenen Abmessungen angelegt worden. Nachdem diese Strecke von der Anatolischen Eisenbahn-Gesellschaft im Jahre 1888 übernommen worden war, wurde der Bahnhof mehrfach vergrößert, aber diese Erweiterungen mußten sich durch das Fehlen einer mit dem Bahnhof in Verbindung stehenden größeren Hafenanlage in Grenzen halten. Durch den immer stärker wachsenden Verkehr auf der Anatolischen Eisenbahn reichten die Anlagen für den Schiffs- und Eisenbahnverkehr bei weitem nicht mehr aus.

Der Hafen Haidar Pascha (um 1880)

Der vorhandene Ladekai in Haidar Pascha war der geringen Wassertiefe wegen nur für Lokalschiffe, die den Frachtverkehr von der Eisenbahn nach Konstantinopel und umgekehrt vermittelten, zugänglich. Aber auch diese konnten weder laden noch löschen, sobald der Südwestwind im Herbst und im Winter die Wellen des Marmarameeres in den Hafen peitschte. Außerdem war die Länge des Hafenkais für die Getreidemengen, die auf der Anatolischen Eisenbahn transportiert wurden, völlig unzureichend. Aus diesen Gründen kam es oft vor, daß das aus dem Innern Kleinasiens herantransportierte Getreide nicht regelmäßig umgeschlagen werden konnte, so daß sich bis zu 150 Kilometer weit auf allen Bahnstationen beladene Güterwagen stauten und sogar die Annahme von Getreide auf den Stationen des Hochlandes tageweise ganz untersagt werden mußte.

Der Hafen Haidar Pascha mit den Getreidesilos (um 1920)

Es entstand daher der Plan, zugleich mit der Schaffung eines gesicherten Hafens, der auch für große Seeschiffe tauglich war, durch Anschüttungen den Raum für vergrößerte Bahnhofsanlagen zu gewinnen. Nach längeren Verhandlungen übertrug der Sultan am 20. April 1899 der Anatolischen Eisenbahn-Gesellschaft den Bau und den Betrieb eines Hafens in Haidar Pascha. Diese gründete für diese Aufgaben eine eigene Gesellschaft, die »Société du Port de Haidar Pacha«. Mit der Bauausführung durch die Firma Holzmann wurde im September 1900 begonnen, und am 14. April 1903 konnte der neue Hafen eingeweiht werden.

Die Anatolische Eisenbahn-Gesellschaft besaß darüber hinaus in der Station Dérindjé, nahe Ismid, einen vorzüglichen Hafenplatz, der es auch großen Seeschiffen gestattete, in einer Entfernung von nicht mehr als 25 Metern von der Küste vor Anker zu gehen. Die Bahngesellschaft beschloß daher, moderne Anlagen für die Aufnahme und das Verladen von Getreide zu schaffen. Die Firma Holzmann baute in den Jahren 1895/96 eine hochmoderne Doppelspeicheranlage mit mechanischen Einrichtungen für die Entnahme des Getreides aus den Bahnwaggons, für die Reinigung, das Wiegen sowie für die direkte Verladung in die Schiffe. In beiden Speichergebäuden, die aus Holz mit einem Mantel aus Wellblech konstruiert waren, konnten rund 12000 Tonnen Getreide gelagert werden.

Die Getreidespeicher in Dérindjé (um 1900)

DIE BEWÄSSERUNG DER EBENE VON KONYA

Die Anatolische Eisenbahn-Gesellschaft beschäftigte sich auch mit der Hebung der Landwirtschaft in Anatolien, des wichtigsten Wirtschaftszweiges der Türkei, und leistete vielfältige Hilfen für die Verbesserung der Bodenkultur und des Lebensstandards der Bevölkerung. Schon in den ersten Jahren ihres Bestehens richtete sie einen eigenen »Agrikulturdienst« für ihr Bahngebiet ein. Mit Hilfe vor allem deutscher Berater sorgte sie für die Beschaffung erstklassigen Saatguts, verbesserte den Kartoffel-, Gemüse- und Obstanbau durch Versuchs- und Lehrpflanzungen sowie durch die Lieferung von Samen und Stecklingen und machte den anatolischen Bauern moderne landwirtschaftliche Geräte zugänglich. Dazu kam der Bau von großen Bewässerungsanlagen, um die landwirtschaftliche Produktion weiter zu steigern.

Ein besonderer Aufschwung der Landwirtschaft wurde für die Umgebung von Konya erwartet, denn 1907 hatte die türkische Regierung mit der Anatolischen Eisenbahn-Gesellschaft einen Vertrag über den Bau großzügiger Anlagen zur Bewässerung der Ebene in der Umgebung von Konya geschlossen. Darin verpflichtete sich die Gesellschaft, aus dem 80 Kilometer südwestlich von Konya gelegenen Bey-Schehir-See und aus dem Bey-Schehir- und Tschartschamba-Fluß ein Gebiet von rund 46000 Hektar der Konyaebene zu bewässern. Der unterhalb des Bey-Schehir-Sees gelegene Karawiransee sollte gleichzeitig trockengelegt und die dadurch gewonnenen fruchtbaren Landflächen (rund 7500 Hektar) ebenfalls bewässert werden.

Die Anatolische Eisenbahn-Gesellschaft übertrug die ihr obliegenden Aufgaben der neu gegründeten »Gesellschaft für die Bewässerung der Koniaebene« mit Sitz in Frankfurt am Main. Gesellschafter waren die Firma Holzmann und die Anatolische Eisenbahn-

Bewässerung der Konyaebene: die Hauptschleuse am Bey-Schehir-See

Gesellschaft. Als Bauzeit für die Bewässerungsanlagen waren sechs Jahre vorgesehen. Die Arbeiten an diesem Projekt konnten termingerecht im Jahre 1912 abgeschlossen werden.

Stauschleuse in einem Kanal in der Ebene von Konya

Der Eisenbahnbau in Kleinasien schuf zudem eine Reihe von sicheren Arbeitsplätzen. Viele Bewohner erhielten das erste Mal in ihrem Leben für geleistete Arbeit eine Bezahlung in Geld. Als weitere wirtschaftliche Konsequenz des Eisenbahnbetriebs stiegen in den erschlossenen Gebieten die Steuereinnahmen der türkischen Regierung – zum größten Teil der »Zehnte«, den die Landwirtschaft abzuliefern hatte –, so daß diese später die Garantiezahlungen der türkischen Regierung an die Anatolische Eisenbahn-Gesellschaft übertrafen.

DIE BAUMWOLLPRODUKTION IN DER EBENE VON ADANA

Große Bedeutung für die türkische Landwirtschaft besaß auch die Baumwolle, die im Hinterland von Smyrna sowie in der Kilikischen Ebene um Adana angebaut wurde. Die Anbaubedingungen in der Kilikischen Ebene, die von den Flüssen Seihun (Sarus) und Dschihan (Pyramus) durchflossen wird, waren an sich günstig. Probleme bereiteten jedoch die häufigen Überschwemmungen des Seihun. Die türkische Regierung beauftragte daher die Anatolische Eisenbahn-Gesellschaft 1909, Pläne für den Bau von umfangreichen Bewässerungsanlagen – ähnlich wie in Konya – zu entwickeln. Es kam aber nicht mehr zu einer Ausschreibung der Arbeiten, da die finanziellen Verhältnisse der Türkei, bedingt auch durch die kriegerischen Ereignisse auf dem Balkan, alle Vorbereitungen zunichte machten.

Die Anatolische Eisenbahn und die Bagdadbahn, einschließlich der dazugehörigen Häfen, sollten nach den Vorstellungen der Deutschen Bank das infrastrukturelle Grundgerüst für die Errichtung

Adana: Fabrikhof der Deutsch-Levantinischen Baumwoll-Gesellschaft

von leistungsfähigen Export- und Importfirmen bilden. An der Steigerung der Baumwollerzeugung in der Kilikischen Ebene hatte die »Deutsch-Levantinische Baumwoll-Gesellschaft m.b.H.«, mit Sitz in Dresden, großen Anteil. Die im Jahre 1905 gegründete Gesellschaft, deren Gesellschaftskapital sich mehrheitlich in den Händen der Deutschen Bank und einer ihrer türkischen Tochtergesellschaften, der »Hafengesellschaft Haidar Pascha«, befand, errichtete in Adana und in Smyrna Filialen. Sie konzentrierte sich zunächst auf den Ankauf von Baumwolle, betrieb dann aber auch Baumwollanbau und errichtete Musterfarmen sowie eine Landwirtschaftsschule. Die Geschäfte liefen gut, die Baumwollgesellschaft konnte von Beginn an hohe Gewinne verbuchen und beträchtliche Reserven anlegen.

In Ergänzung zu ihren eigenen Aktivitäten gründete die Deutsch-Levantinische Baumwoll-Gesellschaft 1907 die »Anatolische Industrie- und Handelsgesellschaft m.b.H«, die ein Ballenpreßwerk in Adana errichtete, während vorher nur handgepreßte Baumwollballen in den Verkehr gekommen waren. Die Baumwolle wurde zum größten Teil nach Deutschland exportiert und im Gegenzug landwirtschaftliche Geräte und Maschinen eingeführt.

BEWÄSSERUNGSPROJEKTE IN MESOPOTAMIEN

Das zweite große Gebiet, durch das die Trasse der Bagdadbahn verläuft, umfaßt das von Euphrat und Tigris entwässerte Stufen- und Tiefland Mesopotamien. An dieses Gebiet knüpften sich im Zusammenhang mit den Bahnbauten große Erwartungen. Der Leiter der von der Bahngesellschaft eingesetzten Studienkommission, Generalkonsul Stemrich, hatte freilich in mehreren Berichten den wirtschaftlichen Sinn des Bahnunternehmens in Mesopotamien in Frage

Bewässerungspläne von Sir William Willcocks in Südmesopotamien (1909)

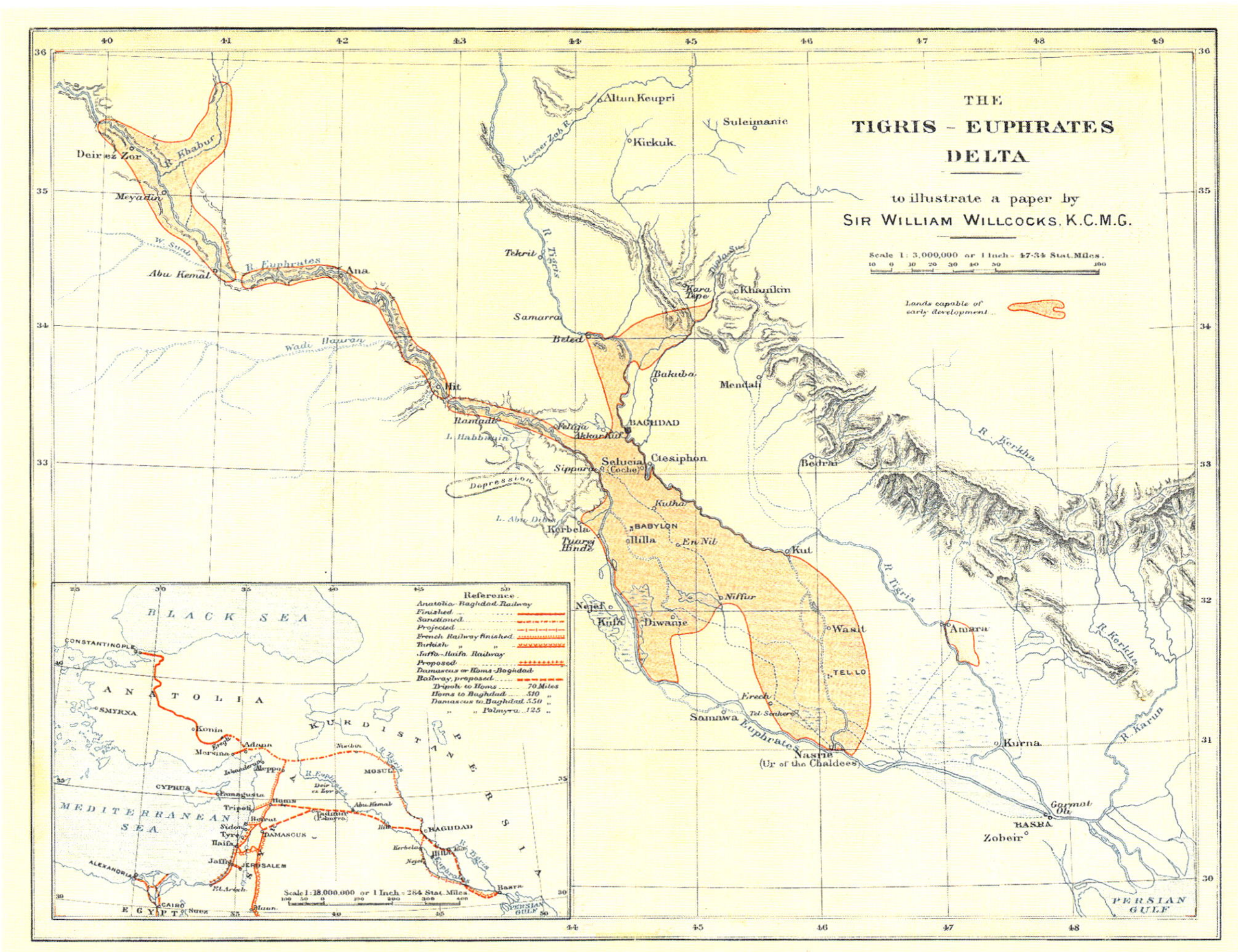

gestellt. Insbesondere war ihm nicht klar, »was die Bahn von 1700 km Länge transportieren soll«.

Von ihren agrarischen Möglichkeiten her unterschieden sich der nördliche und der südliche Teil Mesopotamiens deutlich. Der Norden bedurfte keiner künstlichen Bewässerung, die natürliche Feuchtigkeit genügte zum Anbau von Getreide, besonders von Weizen und von Gerste. Große Teile der agrarischen Flächen wurden damals aber nicht genutzt, sie präsentierten sich als scheinbar unfruchtbare Steppe.

Im Süden Mesopotamiens ließ sich Ackerbau dagegen nur mit künstlicher Bewässerung durchführen. Die Wiedererrichtung der alten Bewässerungsanlagen fand damals in hohem Maße die Aufmerksam der Öffentlichkeit. Pläne des englischen Wasserbauingenieurs Sir William Willcocks aus den Jahren 1909 bis 1911 sahen in der Tat vor, die noch in vielen Überresten vorhandenen alten Bewässerungssysteme zwischen Euphrat und Tigris zu erneuern und damit das ganze Gebiet einer intensiven landwirtschaftlichen Nutzung wieder zugänglich zu machen.

Die Wiederherstellung jener alten Kanäle, denen das Zweistromland im Altertum und noch im Mittelalter seine Blüte verdankte, sollte Hand in Hand gehen mit der Anlage neuer Kanäle und dem Bau von Staudämmen in Euphrat und Tigris, durch die der Wasserspiegel um einige Meter gehoben wurde. Hierdurch konnten die Äcker nicht nur beim Hochstand der Flüsse, sondern das ganze Jahr über mit Wasser versorgt werden. Man erwartete reiche Erträge aus dem Getreideanbau sowie aus der Anpflanzung von Baumwolle.

Willcocks wurde von der türkischen Regierung mit der Aufstellung endgültiger Pläne zur Bewässerung beauftragt, gleichzeitig aber auch mit der Ausführung von Teilarbeiten betraut, wie etwa dem Bau eines großen Staudammes bei Hindije am Euphrat in der Nähe von Kerbela. Auch die Deutsche Bank hatte energisch versucht, mit ihren türkischen Tochtergesellschaften an den Bewässerungsprojekten beteiligt zu werden Der größte Teil der projektierten Arbeiten wurde dann jedoch an die englische Firma John Jackson Ltd. vergeben, die im Frühjahr 1912 mit den Bauten beginnen wollte. Es kam aber zu Schwierigkeiten zwischen der türkischen Regierung und den beteiligten Unternehmern, so daß diese ehrgeizigen Pläne – bedingt auch durch die Kriege auf dem Balkan und den Ausbruch des Ersten Weltkrieges – nicht verwirklicht wurden.

Zudem fehlte es auch nicht an kritischen Stimmen anderer Fachleute, die die Zweckmäßigkeit und die Ausführbarkeit der Pläne von Willcocks bezweifelten. Dazu gab es Probleme mit der Beschaffung der enormen finanziellen Mittel, die für diese Projekte benötigt wurden. Solange die Bagdadbahn noch nicht fertiggestellt war, bildete auch die mangelhafte Verkehrsverbindung in und nach Mesopotamien ein gewaltiges Hindernis zur Durchführung der Bewässerungspläne, da für den Abtransport der agrarischen Produkte nur die wenig leistungsfähige Tigrisschiffahrt zur Verfügung stand.

Schon die von der Anatolischen Eisenbahn-Gesellschaft eingesetzte Studienkommission hatte die wirtschaftliche Lage Mesopotamiens als »traurig« bezeichnet; und auch für die Zukunft dürfe man keine zu großen Hoffnungen hegen. Einen Hoffnungsschimmer gab es aber doch: das Erdöl. Noch im Juni 1914 erwarb Sir Winston Churchill als Erster Lord der Admiralität für die britische Regierung die Mehrheit der Aktien der »Anglo-Persian Oil Co.«, die ihren Ölhafen in Abadan am Persischen Golf hatte. An den Golf sollte auch die Bagdadbahn führen. Und schon viel früher, in Nordmesopotamien, in der Nähe von Kerkuk und Mosul, fuhr sie geradezu über einen unterirdischen See von Erdöl.

DAS MESOPOTAMISCHE ERDÖL

Gleichzeitig mit den deutsch-britischen Abmachungen über die Bagdadbahn wurde 1914 auch ein Vertrag für die Ausbeutung der mesopotamischen Ölvorkommen geschlossen. Die Anatolische Eisenbahn-Gesellschaft hatte 1904 von der türkischen Regierung die Konzession für die Erschließung und Ausbeutung des mesopotamischen Öls erhalten. Zwar hatte sie damals weder die Absicht noch die Mittel, ein derartiges ihrem Wirkungskreis so fernliegendes Unternehmen durchzuführen, doch seit 1910 interessierte man sich in Großbritannien für die Ölvorkommen in Mesopotamien. Arthur von Gwinner und Sir Ernest Cassel verhandelten darüber in London.

Erdöl-Lagerstätten in Mesopotamien; Zeitungsartikel aus *Petroleum Review*, Mai 1914

THE PETROLEUM DEPOSITS OF MESOPOTAMIA.

A SECOND BAKU IN THE MAKING.

ACCORDING to all indications, the near future will witness the opening of the extensive oilfields of Mesopotamia, which have been mentioned in Babylonian scriptures as well as in the Bible, and which in the form of asphalt contributed to the erection of the magnificent buildings of Babylon and Assyria.

The rich oil treasures of Mesopotamia will, with the aid of modern technical science and the new Bagdad railway, at last be opened for widespread use and international trade. The rôle to be played by Mesopotamian oil in the world's market may be of great magnitude and importance. The subject is also of political importance, as it is of great interest both to Germany and England, and if only the German bank which participates in the erection of the Bagdad railway line obtains concessions, the influence of Germany

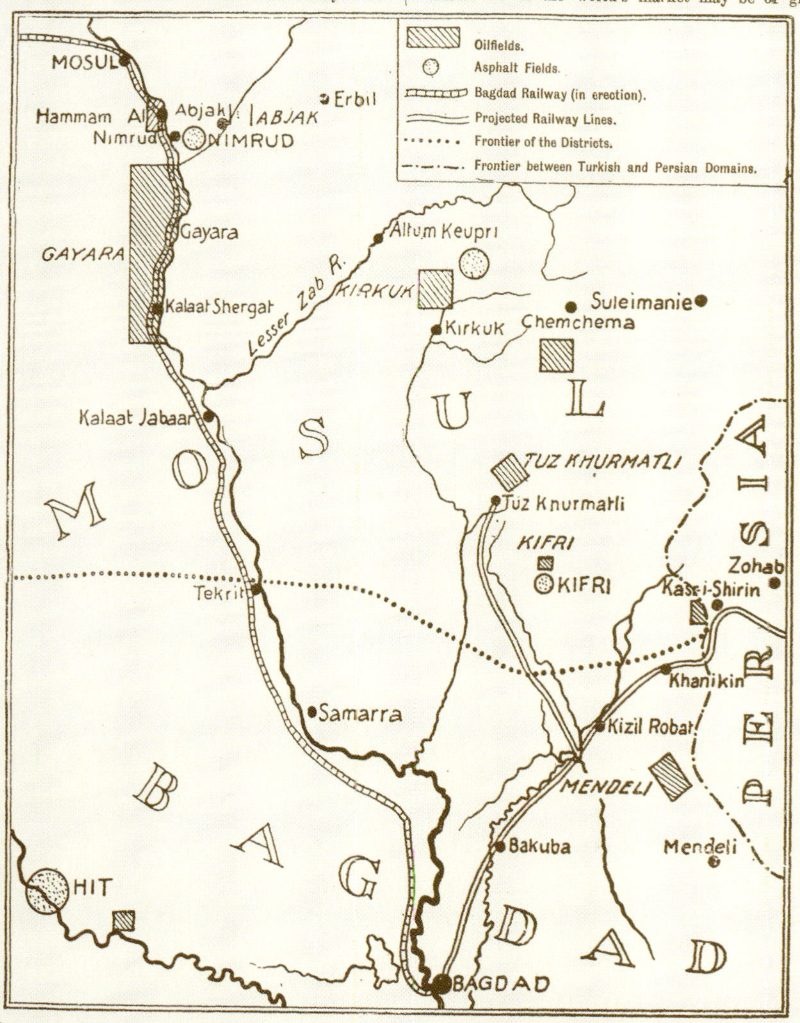

Das Ergebnis war 1912 die Gründung der *Turkish Petroleum Company* mit einem Aktienkapital von 40000 Pfund, das zu 50 Prozent von Cassel und der von ihm gegründeten »National Bank of Turkey« und zu je 25 Prozent von der »Royal Dutch/Shell-Gruppe« und der Deutschen Bank gezeichnet wurde. Auf Verlangen der britischen Regierung mußte im Frühjahr 1914 die »Anglo-Persian Oil Company«, die gleichfalls eine Art Vorkonzession besaß, an der »Turkish Petroleum« beteiligt werden. Dies geschah in der Weise, daß die Turkish Petroleum Company ihr Aktienkapital verdoppelte und die neuen Aktien vollständig von der Anglo-Persian Oil Company übernommen wurden, während Cassel und die National Bank of Turkey ihre Aktien an die Royal Dutch/Shell-Gruppe und die Deutsche Bank abgaben, damit diese ihre Beteiligung von 25 Prozent erhalten konnten. Am 25. Juni 1914 erteilte die türkische Regierung die Konzession für die Ölquellen Mesopotamiens, in den Provinzen Mosul und Bagdad, dann endgültig an die Turkish Petroleum Company.

Es ist eine Ironie der Geschichte, daß die europäischen Großmächte gerade zu dem Zeitpunkt zu einem Ausgleich ihrer politischen und wirtschaftlichen Rivalitäten im Osmanischen Reich gekommen waren, als der Erste Weltkrieg ausbrach und alles Erreichte zunichte machte. Auch die Erdölkonzession kam für die Deutsche Bank nicht mehr zum Tragen. Aus Mesopotamien wurde Irak, aus der »Turkish Petroleum Company« die »Iraq Petroleum Company«. Darin gab es keinen Platz mehr für deutsches Kapital.

KOLONISIERUNGSPLÄNE

Der Gedanke, entlang der geplanten Bahnlinie deutsche Siedlungskolonien zu gründen, faßte um die Jahrhundertwende in kolonialbegeisterten Kreisen Deutschlands Fuß. Welche hochfliegenden Pläne damals mit dieser Bahn verbunden waren, das zeigt unter vielen anderen auch Fritz Trössner, der im Jahre 1901 in der Publikation *Die Reform. Illustrirte Zeitschrift des Weltverkehrs,* schrieb: »Es wird deshalb diese Gebiete ein Menschenstrom passieren, der ein weiteres Endziel [Indien] verfolgt; es wird sich aber auch hierher hauptsächlich ein großer Teil des überschüssigen Menschenmaterials Europas ergiessen und hier die denkbar günstigsten Vorbedingungen für Kolonisationszwecke vorfinden. ... Das wird nur zu Nutzen von Land und Leuten geschehen. ... Aus dem herumlungernden Proletariate, das sich Märchen erzählen läßt, wird ein arbeitsames fleißiges Volk entstehen, das, dank den glänzenden Lebensbedingungen, eine neue Epoche des Wohlstandes und der Kultur hervorzaubern kann, gleich der hier ehemals blühenden, vor Jahrhunderten herrschenden, wie uns dies nicht nur die Geschichte, sondern auch Erzählungen vergangener Zeiten melden, Märchen aus tausend und einer Nacht.«

Es war jedoch ein Hauptziel der Deutschen Bank, das Unternehmen aus der innenpolitischen Kolonialdiskussion herauszuhalten. Siemens selbst formulierte seine Meinung klar genug gegenüber allen derartigen Phantastereien, die in einer gewissen populären Publizistik und auch in einigen deutschen politischen Gruppen wurzelten: Die Anatolische Eisenbahn-Gesellschaft sei eine unter türkischem Recht in Konstantinopel errichtete türkische Gesellschaft mit einigen deutschen Direktoren und Verwaltungsratsmitgliedern; sie »verfolgt keine politischen und kolonisatorischen Zwecke. Sie ist ein Verkehrsunternehmen, das durch Aufschließung der asiatischen Türkei unserer Industrie und unseren Technikern Arbeit und Verdienst verschafft und auf diese Weise unserem Vaterlande zu nützen versucht. Man würde eine Krankheit in das Unternehmen tragen und Mißtrauen in der Türkei erwecken, wenn man mehr verlangt.«

Diese Stellungnahme gab Siemens auf einer Tagung der Deutschen Kolonial-Gesellschaft im Jahre 1900. Ein Augenzeuge dieser Sitzung berichtete später, daß die Argumente des Bankiers in »eisiger Stille« entgegengenommen wurden und Siemens wahrscheinlich nur eine Minderheit der Teilnehmer auf seine Seite ziehen konnte. Arthur von Gwinner und Bahndirektor Kurt Zander machten 1902 auch Wilhelm II. auf diese neue Gefahr aufmerksam: »Der Hinweis, wie gerade unsere eigenen Landsleute durch die in Brochuren und Vorträgen vor aller Welt ständig wiederholten Forderungen einer deutschen Kolonisation Kleinasiens, Einrichtung von deutschen Ärztestationen in Mesopotamien und dergleichen unsere Verhandlungen erschwerten und nicht ungefährlich seien, fand bei seiner Majestät volle Zustimmung.«

An der Trasse der Bagdadbahn.*)

Von Regierungsbaumeister Georg Stephan.

Deutsches Konsulat in Bagdad.

Mit den allgemeinen Kulturfortschritten der Völker gehen seit den Phöniziern und Aegyptern des Altertums und ferner seit dem Zeitalter der Entdeckungsreisen im 15. und 16. Jahrhundert bis in die Gegenwart auch ständig erfolgreiche Bestrebungen zur Schaffung immer verbesserter Verbindungen für Handel und Verkehr Hand in Hand. Eine der wichtigsten Grosstaten auf diesem Gebiet soll der Bau der Bagdadbahn werden, die uns dem Wunderlande Indien und den handelspolitisch so wichtigen Gebieten am Persischen Golf um mindestens eine weitere Woche näher bringt, wenn sie in ein bis eineinhalb Jahrzehnten fertig gestellt sein wird. Doch dies ist nicht der alleinige Zweck dieses grossen, lange vorbereiteten, jedoch infolge finanzpolitischer Hindernisse verhältnismässig langsam, gleichsam Schritt für Schritt sich entwickelnden Unternehmens. Gilt es doch weiten, einst so fruchtbaren Gebieten, besonders in Mesopotamien, durch die sehnsüchtig erwartete Eisenbahn wieder aufzuhelfen. Diese wird den Hauptfaktor bilden, einerseits zur Neubelebung jetzt verödeter Provinzen, andrerseits zum Schutze gesegneter Fluren, die jetzt noch immer, wie vor Jahrtausenden, den räuberischen Ueberfällen gewalttätiger Nomaden ausgesetzt sind. Dankbare Absatzgebiete werden dem europäischen Handel, insbesondere dem deutschen und österreichischen, durch die Bahn erschlossen und der energisch an der Pazifizierung des Landes arbeitenden türkischen Regierung wird es möglich sein, künftig etwa noch entstehende Unruhen durch rechtzeitige Entsendung von ausreichenden Truppenaufgeboten im Keime zu ersticken.

Inzwischen sind bereits 80 Kilometer der zweiten Etappe, der Taurus-Uebergang bei Ulu Kischla in einer Höhe von 1360 Meter über dem Meeresspiegel, nahezu fertiggestellt, mit etwa 7 Kilometer schwierigster Tunnelierungsarbeiten, und der Bahnbau in der Kilikischen Ebene, östlich und westlich von Adana, zwecks Beschleunigung gleichzeitig in Angriff genommen worden. Die erforderlichen Mittel wurden durch Emission der zweiten Serie der Bagdadbahn-Anleihe in Deutschland, Oesterreich, Belgien, Holland und der Schweiz aufgebracht. Die Frage der Linienführung ist kürzlich aus strategischen Rücksichten dahin entschieden worden, dass die Hauptlinie das Mittelmeer nicht berührt, sondern nur durch die alte Stichbahn Adana—Mersina mit der Küste verbunden bleibt. Nach Ueberschreitung des Amanusgebirges bei Bagtsche in einer Höhe von 600 Metern biegt die Bahn alsdann scharf nach Südosten um und führt direkt nach Aleppo und weiter über den Euphrat zunächst bis nach Helif im nördlichen Mesopotamien. Die jetzt also im Bau befindliche Strecke Bulguren—Helif, für die seitens der türkischen Regierung der Bagdad-Eisenbahngesellschaft die erforderlichen Unterpfänder vertraglich garantiert wurden, besitzt eine Länge von 840 Kilometern. Sie stellt mithin mehr als ein Drittel der Gesamtlänge der Bagdadbahn bis zum Persischen Golf dar und hinsichtlich der namentlich im Gebirge sich bietenden Hindernisse den technisch schwierigsten Teil. In Aleppo erreicht die Bahn den Anschluss an die alte Handelsmetropole Nordsyriens, noch heute mit etwa 185 000 Einwohnern die zweitgrösste Stadt von Syrien — nächst Damaskus — und Hauptstadt eines Wilajets, das vom Mittelmeer bis zum Euphrat sich erstreckt. Es wäre ein schwerwiegender Fehler gewesen, hätte man bei der Trassenführung Aleppo nur durch einen südwärtsgerichteten Seitenstrang an das Netz der Bagdadbahn angeschlossen. Man hätte den Güter- und Personenverkehr Aleppos mit Europa dadurch fast ganz der syrisch-französischen Linie überlassen und seinen Handelsverkehr mit dem Osten recht erschwert. Und doch ist dieser schon jetzt, also noch im Zeitalter des Karawanenbetriebes, ziemlich beträchtlich.

Deutsches Vizekonsulat in Mossul.

Blick auf Mossul.

Die Stadt, die mit schönen Moschee- und Kirchenbauten, Schulen, verhältnismässig breiten sauberen Strassen auf den europäischen Reisenden einen recht günstigen Eindruck macht, mehr noch als das infolge leichterer „flüchtigerer" Bauweise teilweise in zwar recht malerischem Verfall befindliche Damaskus, ist recht alten Ursprungs und auf Grund antikägyptischer Urkunden bis in das zweite vorchristliche Jahrtausend zurückdatierbar. Assyrer, Perser, Araber, Byzantiner, Kreuzfahrer, Mongolen, Mameluken und Osmanen kämpften nacheinander mit den Syrern um den Besitz der Stadt, die in der ersten Hälfte des 19. Jahrhunderts zweimal durch schwere Erdbeben heimgesucht wurde, aber unter der ägyptischen Herrschaft Ibrahim Paschas rasch wieder aufblühte, dank ihrer günstigen Lage.

Wieviel Aleppo und ganz Nordsyrien durch die Bagdadbahn gewinnen wird, geht schon aus der Tatsache hervor, dass es seit Fertigstellung des Suezkanals durch Rückgang des Karawanenverkehrs an Bedeutung eingebüsst hat; es ist also auf den Verkehr landeinwärts nach dem Innern angewiesen, der nach Fertigstellung der Bagdadbahn einen bedeutenden Aufschwung nehmen wird, natürlich nicht mit einem Schlage, sondern der Eigentümlichkeit des Orients entsprechend nach und nach.

Von Aleppo aus wendet sich die Bagdadbahn unter spitzem Winkel wieder nach Nordosten und erreicht nach etwa 100 Kilometern am Sadjûr, einem Nebenfluss

*) Nähere Einzelheiten in dem in der Verlagsanstalt für Literatur und Kunst demnächst erscheinenden Buche des Verfassers.

Kefil am Euphrat.

In einem geheimen Anhang zur Bagdadbahn-Konvention von 1903 sicherte die Deutsche Bank zu, weder eine deutsche noch eine andere Emigration in die Türkei zu fördern. Ja, die Anatolische Eisenbahn-Gesellschaft versuchte sogar, prominente Deutsche an der Reise mit der Bahn zu hindern. Selbst deutsche touristische Gesellschaftsreisen hielt sie für bedenklich.

DIE BAGDADBAHN – EIN FINANZIELLER ERFOLG?

Überblickt man die Gesamtlänge der Anatolischen Eisenbahn und der Bagdadbahn, so zeigt sich, daß ihre wirtschaftliche Bedeutung als Ganzes weniger aussichtsreich zu beurteilen war als einige Teilstrecken. Dem ersten Abschnitt in Nordwestanatolien – der Bahnstrecke von Haidar Pascha nach Kutahia – kam eine beherrschende Bedeutung zu. Die Gegend war gut erschlossen und reich bevölkert. Die vielfältigen und in großen Mengen geernteten agrarischen Produkte konnten mit der Bahn schnell nach Konstantinopel transportiert werden.

In Zentralanatolien erhoffte sich die Bahnleitung durch die großen Bewässerungsprojekte in der Ebene von Konya eine Hebung der landwirtschaftlichen Produktion und damit auch der Frachtraten auf der Bagdadbahn. Auch der Streckenabschnitt in Südostanatolien, in der Kilikischen Ebene, galt durch den Anschluß an die Stichbahn zum Mittelmeerhafen von Mersina als wirtschaftlich aussichtsreich.

In Nordsyrien und in Nordmesopotamien bis in die Gegend von Mosul vollzog sich aller Warenhandel fast ausschließlich von und zum Mittelmeer, zu dessen Häfen Mersina und Alexandrette die Bagdadbahn Anschluß haben mußte. Südlich von Mosul dagegen liefen alle Handelswege in Richtung Persischer Golf. Hier konkurrierte die Bahn mit dem billigeren Flußweg des Tigris, auf dem die Waren von und nach Basra, dem Seehafen, transportiert wurden.

Die Bagdadbahn als ganzes genommen hatte wirtschaftliche Bedeutung wohl nur für den Personen- und Postverkehr nach Indien

Linke Seite: An der Trasse der Bagdadbahn – Artikel in der Zeitschrift *Kolonie und Heimat*, 1909

LINKING UP PALESTINE AND MESOPOTAMIA WI

German Workmen Making the Woodwork for the Railway Stations on the Bagdad Line

Workmen Enlarging the Landing Place at Tripol

By running the pier further out to sea

A French Train from Tripoli Carrying German Material for the Bagdad Line

The Camel and the Locomotive—A Gradi

The building of the Bagdad and Damascus Railways upsets the old order
traffic. Mr. A. J. B. Wavell has some interesting pages on this subjec
on the Hedjaz Railway he says that the Arabs looked with only mo
"carry as much as a camel?" Later on the truth of its ca

Workmen's Camp on the Bagdad Railway near the Euphrates

The Bagdad Railway will pass the spot whence Abraham started on his journey to Canaan
And Abram took Sarai his wife, and Lot his brother's son, and all their subsatnce that they had gathered, and the souls that they had gotten in Haran; and they went forth to go into the land of Canaan; and into the land of Canaan they came.—Genesis xii, 5

The Boundary Between the French and

ROPE : Scenes of Activity on the New Bagdad Railway.

Taking Food to the Workmen by Hand Car

On the Bagdad Railway east of Aleppo

Native Workmen Preparing Stone for the Stations of the Bagdad Railway

the Bagdad Railway near the Euphrates

. The camel is ousted from his pride of place as the principal means of m in Mecca" recently published by Messrs. Constable. In his chapter rst train when it put in an appearance. "Can this thing," they asked, , and then there was serious trouble for a time

The Branch Line from Alexandretta Joining the Main Line at Osmanieh

Aleppo Showing the Heavier German Rail

German Engineers' Camp at Alexandretta, the Port of the Bagdad Line

The Bagdad Railway will pass the site of the great city of Nineveh

Out of that land went forth Asshur, and builded Nineveh, and the city Rehoboth and Calah, And Resen between Nineveh and Calah: the same is a great city.—Genesis x, 11–12

S. 120/121: Die Bagdadbahn verbindet Europa mit Palästina und Mesopotamien; Abbildung aus der amerikanischen Zeitschrift *The Sphere*, Januar 1913

und dem weiteren Osten. Auf diesem Gebiet lagen die Hoffnungen des Bahnunternehmens. Während man zum Beispiel bisher von Wien nach Bombay 16,5 Tage brauchte (Wien–Triest 12 Stunden; Triest–Bombay 16 Tage mit dem Schiff), werde man künftig über Kleinasien nur 9,5 Tage benötigen (Wien–Konstantinopel zwei Tage Bahn; Konstantinopel–Kuwait dreieinhalb Tage Bahn; Kuwait–Bombay vier Tage Schiff).

Ob allerdings die britische Regierung der neuen Linie die Beförderung der Post nach Indien übertragen würde, ließ sich damals nur schwer voraussehen, zumal hierfür nicht nur rein sachliche, sondern auch politische Erwägungen und Rücksichten auf die öffentliche Meinung eine große Rolle spielten.

In Hinblick auf die Warentransporte konnte die Bahn mit den Schiffsverbindungen nicht konkurrieren. Den Warenverkehr in nennenswertem Umfang von seinem jetzigen Wege durch den Suezkanal abzuziehen wurde trotz der hohen Kosten, die auf der Passage durch den Suezkanal lagen, als kaum realisierbar angesehen. Der große Warenverkehr, der den Ein- und Ausfuhrhandel besorgte und für die Rentabilität der Bahn den Ausschlag gab, hatte nur für die oben bereits genannten Teilstrecken Bedeutung, die die Waren auf schnellstem Wege zu den Mittelmeerhäfen Konstantinopel, Mersina und Alexandrette befördern konnten.

Eine Entschädigung für den Mangel an Warentransporten konnte sich für die Bahn jedoch durch den Pilgerverkehr im südlichen Babylonien ergeben, der wirtschaftlich nicht ohne Bedeutung war. Nördlich von Bagdad war daher eine Zweigbahn vorgesehen, die über Chanakin weiter nach Teheran führen sollte. Sie war bestimmt für den Verkehr mit Persien und den persischen Pilgern, die hier türkisches Gebiet betraten, um die heiligen Stätten der Schiiten in Samarra, Kazimein, Kerbela und Nedjef zu besuchen. Ebenso lebhaft wie aus Persien gestaltete sich auch der Besuch der Wallfahrtsorte aus dem türkischen Reich selbst.

Auch die Chancen der zukünftigen Bagdadbahn als Weltverkehrslinie zwischen dem europäischen Westen und dem asiatischen Osten schätzten die von der Anatolischen Eisenbahn-Gesellschaft eingesetzte Studienkommission und verschiedene andere Gutachten als nicht groß ein. Sie konnte hierfür ohnehin nur in Frage kommen, wenn ihr Südhafen am Persischen Golf eine weitere direkte Verbindung mit Bombay erhielt.

Inwieweit und für wen hatten sich schließlich die Aktivitäten im Orient gelohnt? Sicher war für die Türkei der wirtschaftliche Nutzen durch die Bahnbauten nicht so groß, wie die Regierung erwartet hatte. Handel und Steuererträge stiegen nicht in dem Ausmaß an, daß ein rapider Industrialisierungsschub wie etwa in Europa stattgefunden hätte. Die Vorteile für die türkische Regierung ergaben sich vor allem aus der Verbilligung und Beschleunigung des Verkehrs und in strategischer Hinsicht in der Anbindung der entfernten Teile des Reiches an die Metropole Konstantinopel. Zudem war ein gewisser Modernisierungseffekt durch die Eisenbahnen nicht zu bestreiten. Unbestritten dürfte auch sein, daß die Golfregion durch die Fertigstellung der Bahn einen ökonomischen Aufschwung erlebt hätte, an dem deutsche, englische und französische Unternehmen partizipieren konnten.

Die finanzielle Lage der Bahngesellschaften unterlag Schwankungen. Während die Bagdadbahn-Gesellschaft sich zur Beschaffung der Baumittel des Kredites des türkischen Staates bedienen konnte, gab die Anatolische Eisenbahn-Gesellschaft eigene Schuldverschreibungen heraus. Die Bagdadbahn-Gesellschaft brachte sämtliche Mittel durch die ihr zugewiesenen Staatsanleihetitel auf und begnügte sich mit einem geringen Aktienkapital; die Anatolische Bahn-Gesell-

Der alte Weg ... und der neue Weg nach Bagdad

schaft konnte auf ein bedeutendes Aktienkapital nicht verzichten, da es gefährlich gewesen wäre, nur mit geliehenem Geld zu arbeiten, gefährlich für den Ruf der Obligationen und gefährlich für das Publikum.

Die Anatolische Eisenbahn-Gesellschaft zahlte von Anbeginn an regelmäßig nicht nur die Zinsen auf ihre Obligationen, zu Anfang 5 Prozent, dann 4,5 Prozent, sie verteilte auch eine Dividende, die von 4,5 Prozent bis auf 7 Prozent stieg. Dazu sammelte sie zielbewußt starke Reserven und verfügte 1917 über eine Reserve von mehr als 19 Millionen Francs, das heißt mehr als 30 Prozent des eingezahlten Aktienkapitals. Das Grundkapital der Gesellschaft betrug 1917 nominell 135 Millionen Francs, wovon rund 58 Millionen eingezahlt waren. Das Obligationenkapital belief sich auf rund 260 Millionen Francs.

Es muß aber ausdrücklich hervorgehoben werden, daß der türkische Staat von 1889 bis 1911 an Garantiezuschüssen die beachtenswerte Summe von 170 Millionen Francs beigesteuert hat. Nur in den Jahren 1912 bis 1917 überschritten die Roheinnahmen die garantierte Höchstsumme, so daß der türkischen Regierung Einnahmeanteile zwischen einer und sieben Millionen Francs zufielen. Die Berichte der Verwaltung der Dette Publique Ottomane zeigten zudem, daß sich die Steuereinnahmen in den von der Anatolischen Bahn erschlossenen Gebieten seit Eröffnung der einzelnen Linien auf das Doppelte bis Dreifache erhöht hatten. So wurde die Zunahme der Steuereinnahmen aus dem »Zehnten« in der Zeit von 1889 bis 1911 auf 153 Millionen Francs beziffert.

Die Bagdadbahn-Gesellschaft mußte die Verzinsung ihres Kapitals nicht durch die Betriebseinnahmen sicherstellen. Diese, das heißt die ihr gemäß dem mit der Anatolischen Eisenbahn-Gesellschaft geschlossenen Betriebsvertrag zustehende Summe, waren bis 1911 so gering, daß sie nicht einmal für die Deckung der Verwaltungskosten genügt hätten. Der Reingewinn der Gesellschaft beruhte vor allem auf den Zinsen. Ihren Aktionären zahlte sie ebenfalls eine stetig steigende Dividende zwischen fünf und sieben Prozent.

Wenn es auch heute nicht mehr möglich ist, den Ertrag einzelner Projekte genau zu berechnen, so geht doch aus Aufstellungen der Deutschen Bank von 1924 hervor, daß sich für die Bank die Eisenbahnunternehmungen im Orient – vor allem die Linien von Konstantinopel nach Ankara und von Eskischehir nach Konya – finanziell gelohnt hatten.

Nach dem Ersten Weltkrieg endete praktisch – und im Jahre 1928 juristisch – die Beteiligung der Deutschen Bank an dieser Bahnverbindung zwischen Bosporus und Persischem Golf. Die Bagdadbahn, die einst so viel öffentliche Aufmerksamkeit erregt hatte, war von den politischen Verhältnissen sowie von der Entwicklung neuer Verkehrstechniken – Flugzeuge und schnellere Schiffsverbindungen – überholt worden.

III. EINE HISTORISCHE STRECKENBESCHREIBUNG

Kleinasien war von jeher die Brücke zwischen Orient und Okzident. Dies ist einer der Gründe für die Vielfalt der Kulturen, die hier zur Blüte kamen. Von der frühen Bronzezeit über die Reiche und Stadtstaaten der Hethiter, der Ionier, Römer, Armenier und Byzantiner, der lateinischen Kreuzfahrerstaaten bis zu den Seldschuken und den osmanischen Türken – überall in Kleinasien stößt man auf die Spuren einer großen Vergangenheit. So liegen auch im Bereich der Anatolischen Eisenbahn Schauplätze von weltbewegender Bedeutung, und viele antike und mittelalterliche Namen der Bahnstationen lesen sich wie ein Leitfaden der Weltgeschichte.

Lageplan von Konstantinopel (um 1910)

DER ANFANG: BYZANZ – KONSTANTINOPEL – ISTANBUL

Die Stadt, auf sieben Hügeln errichtet, verbindet Europa und Asien, Abendland und Orient, Altertum und Neuzeit, Islam und christliche Welt. Die Metropole und bedeutendste Handelsstadt der Türkei wurde im 7. Jahrhundert v. Chr. von dorischen Kolonisten als Fischerdörfchen gegründet, das sie nach dem damaligen Burgherrn *Byzantion* tauften. Die griechische Polis lag auf der zu Europa gehörenden Halbinsel, zwischen dem Goldenen Horn, dem Marma-

Blick auf Konstantinopel mit Hagia Sophia (um 1920)

Hagia Sophia und Hippodrom
(um 1920)

rameer und dem Südausgang des Bosporus. Sie blühte wirtschaftlich rasch auf im Handel mit den getreidereichen Uferländern des Schwarzen Meeres, die durch die altgriechische Kolonisation erschlossen wurden. Die günstige geographische Lage der Stadt zwischen zwei Meeren und die wachsende Bedeutung der Osthälfte des Römischen Reiches veranlaßten Konstantin den Großen, Byzanz zum »Neuen Rom« auszubauen und im Jahre 330 zur Reichshauptstadt Constantinopolis *(Konstantinopel)* zu erheben. Für mehr als tausend Jahre war sie die Hauptstadt des byzantinischen Weltreiches.

Konstantinopel: im großen Basar
(um 1900)

Unter Kaiser Justinian I. (527–565) erlebte Konstantinopel, das damals wohl 500 000 Einwohner zählte, seine Blütezeit. In den folgenden Jahrhunderten war die Stadt vielen vergeblichen Belagerungen ausgesetzt, so daß die Einwohnerzahl im 14. und 15. Jahrhundert bis auf etwa 50 000 Menschen herabsank. 1453 eroberten die Osmanen die Stadt und machten sie zur Residenz der Sultane und zur Hauptstadt des Osmanischen Reiches. Konstantinopel behielt auch in den folgenden Jahrhunderten seine politische sowie seine große wirtschaftliche und kulturelle Bedeutung. Am Treffpunkt zweier Erdteile und zweier Meere, am Kreuzungspunkt wichtiger See- und Landwege gelegen und im Besitz eines hervorragenden Hafens, blieb die Stadt weiterhin eine wichtige Handelsmetropole, der Stapelplatz zwischen Abendland und Morgenland.

Nach dem Ersten Weltkrieg war Konstantinopel 1918–1923 von den Alliierten besetzt worden und verlor mit der Gründung der Türkischen Republik seine über Jahrhunderte behauptete Hauptstadtfunktion 1923 an *Ankara.* Konstantinopel, das jetzt *Istanbul* hieß, verlor mit dem Regierungssitz zwar seine politische Bedeutung, die Stadt am Bosporus blieb jedoch weiterhin das wirtschaftliche und kulturelle Zentrum der Türkei und eine der wichtigsten Handelsstädte der Welt. 1924 lebten in Istanbul mit seinen Vororten rund eine Million Menschen.

Der Orientalische Bahnhof (Hauptbahnhof) in Konstantinopel: Hier bestieg man den berühmten Orientexpreß (um 1900)

HAIDAR PASCHA – ISMID

Mit dem Bau der Anatolischen Eisenbahn geriet der asiatische Teil Konstantinopels stärker in den Blickwinkel der Öffentlichkeit und gewann wachsende wirtschaftliche Bedeutung. Von Stambul aus erreichte man den Ausgangspunkt der Anatolischen Bahn, den Bahnhof in *Haidar Pascha,* mit kleinen Dampfern, die den Bosporus überquerten. Eine Eisenbahnbrücke war geplant, damals um 1900, so daß der »Orientexpreß« sozusagen bis Bagdad weiterfahren konnte. Dem türkischen Sultan schwebte eine Überbrückung der Meerenge vor, um Europa und Asien mit einem Schienenstrang zu verbinden. Die projektierte riesige »Abdul-Hamid-Brücke« sollte an der schmalsten Stelle des Bosporus gebaut werden, zwischen Rumeli Hissar und Anadoli Hissar, dort, wo die Meeresstraße nur 600 Meter breit ist.

Bosporus: Blick auf Bebek (um 1900)

In Rumeli Hissar endete schon im 5. Jahrhundert v. Chr. die Schiffsbrücke des Xerxes, und hier ist der Ort des Felsenthrones

Die Abdul-Hamid-Brücke über den Bosporus wurde nie gebaut

anzunehmen, von dem aus der persische Großkönig den Übergang seines Heeres von Asien nach Europa betrachtete. Um 1900 sollte der Weg umgekehrt verlaufen, sollten Europa und Asien durch Eisenbahnen verbunden werden. Doch die prächtige »Abdul-Hamid-Brücke« wurde nie gebaut. Heute gibt es zwar Autobrücken über den Bosporus, aber immer noch keine Eisenbahnbrücke. Die Bahnreisenden sind – wie früher – auf Schiffe angewiesen.

Bosporus: In Rumeli Hissar endete einst die Schiffsbrücke des Xerxes (Ansicht um 1880)

Die Fährboote starteten im Stadtteil Sirkedschi (Sirkeci), in der Nähe der Galata-Brücke (Neue Brücke), und fuhren in den Hafen von *Haidar Pascha,* auf der asiatischen Seite Konstantinopels. Die Fahrgäste bestiegen dann im Bahnhof Haidar Pascha – in unmittelbarer Nähe der Anlegestelle der Schiffe – den bereitstehenden Zug der Anatolischen Eisenbahn.

Im Jahre 1905 hatte die »Hafengesellschaft Haidar Pascha« mit dem Bau eines neuen Empfangsgebäudes der Anatolischen Eisenbahn auf dem Hafengelände begonnen. Der alte, inzwischen viel zu klein gewordene Bahnhof wurde durch einen repräsentativen Neubau ersetzt, in dem gleichzeitig auch die Verwaltung der Anatolischen

Vom Stadtteil Sirkeci gingen die Schiffe nach Haidar Pascha (um 1900)

Die Galata-Brücke (um 1900)

Rechte Seite: Der Bahnhof in Haidar Pascha, der Ausgangspunkt der Anatolischen Eisenbahn (um 1910)

Eisenbahn-Gesellschaft untergebracht war. Die Firma Holzmann erbaute ein prächtiges, geradezu monumentales Gebäude, ganz im Stile deutscher Architektur um die Jahrhundertwende. Der Bahnhof, der als »Eingangstor nach Kleinasien« fungierte, wurde auf 11 000 Holzpfosten errichtet und am 4. November 1909 eröffnet.

Während des Ersten Weltkrieges ist das Empfangs- und Verwaltungsgebäude durch Munitionsexplosionen im Hafengelände erheblich beschädigt worden, es konnte aber in der alten Gestalt wiederhergestellt werden und ist noch heute der Ausgangspunkt für die Anatolische Bahn.

Im Stadtgebiet von Konstantinopel entfaltete die Firma Holzmann in den Jahren zwischen 1890 und 1914 eine weitere rege

Schalterhalle im Bahnhof Haidar Pascha

Die Filiale der Deutschen Bank in Konstantinopel, 1909 gegründet

Bautätigkeit: So entstanden unter anderem die Gebäude der Deutschen Schule, des Deutschen Krankenhauses, des Kinderkranken- und des Waisenhauses und auch die Filiale der Deutschen Bank, die im Jahre 1909 eröffnet wurde.

Ein Reisebericht von Adalbert Zimmermann aus dem Jahre 1912 gibt uns folgende Beschreibung einer Fahrt mit der Anatolischen Eisenbahn: »Dampfer um Dampfer flitzt hinaus in den Sonntagmorgen. Still und festtäglich liegt Konstantinopel da, auch die sagenumwobene Konvertitin drüben auf der höchsten der Höhen von Stambul, die Aja Sophia. Hier vom Wasser aus muß man sie sehen; so ist sie gedacht, hochaufragend wie das Bild der Athene Promachos, als Königin, als die Krone der Siebenhügelstadt des Ostens, als erhabene Schildhalterin Europas gegen Asien. …

Und nun hinein nach Asien. Um acht Uhr geht der Zug, und die Eisenbahnen sind in der Türkei pünktlich. Der Bahnhof von Haidar Pascha ist der größte und prächtigste der Türkei – der architektonische Heroldsruf der Auferstehung Anatoliens zu neuem, europäischem Leben. Ringsum trauern alte Zypressen über stillen Osmanengräbern.

Fahrplan der Anatolischen Eisenbahn-Gesellschaft für die Strecken Haidar Pascha – Ankara und Haidar Pascha – Adana (1926)

RÉPUBLIQUE TURQUE

Chemins de Fer d'Anatolie - Bagdad

Horaire des trains voyageurs

Valable à partir du 1er Mars 1926 jusqu'à nouvel avis

H. - Pacha - Angora
Trains N° 2/102 circulant journellement avec Wagon-Lit et Restaurant

STATIONS	Arrivée h.	Arrivée m.	Départ h.	Départ m.
H.-Pacha * …	—	—	16	30
Pendik ………	17	09	17	17
Héréké ……	18	29	18	37
Ismid * …….	19	24	19	49
Arifié ………	20	57	21	02
Mékédjé ……	22	22	22	30
Bilédjik * …..	23	57	00	12
Eski-Chéhir *.	2	46	3	10
Sari-Keuy …..	5	46	5	54
Bitcher……	6	45	6	53
Béylik-Keupru .	7	54	8	02
Polatli * ….	8	42	8	52
Ghazi …….	11	15	11	16
Angora * ….	11	25	—	—

Angora - H. - Pacha
Trains N° 101/1 circulant journellement avec Wagon-Lit et Restaurant

STATIONS	Arrivée h.	Arrivée m.	Départ h.	Départ m.
Angora * …	—	—	17	—
Ghazi ………	17	09	17	10
Polatli * ……	19	45	19	55
Béylik-Keupru .	20	35	20	37
Bitcher………	21	38	21	46
Sari-Keuy …..	22	37	22	45
Eski-Chéhir *.	1	31	1	48
Bilédjik * …..	4	18	4	33
Mékédjé ……	5	57	6	05
Arifié …….	7	24	7	29
Ismid …….	8	37	8	52
Héréké …….	9	36	9	44
Pendik …….	10	57	11	05
H.-Pacha * …	11	42	—	—

H. - Pacha - Yénidjé
Trains N° 4/204/604 circulant journellement avec Wagon-Lit 3 fois par semaine

STATIONS	Arrivée h.	Arrivée m.	Départ h.	Départ m.
H.-Pacha * …	—	—	9	35
Pendik …….	10	15	10	23
Héréké …….	11	36	11	44
Ismid * …….	12	35	13	—
Arifié …….	14	08	14	13
Mékédjé …….	15	33	15	41
Bilédjik * …..	17	08	17	23
Eski-Chéhir *.	19	57	20	35
Alayund ….	22	33	22	38
Afion * ……	1	17	1	32
Tchaï …… .	2	39	2	47
Ak-Chéhir …	4	06	4	14
Ilghin …….	5	41	5	49
Séraï-Eunu ….	7	04	7	12
Konia …….	8	55	9	40
Tchoumra …..	10	42	10	50
Karaman ..	12	14	12	22
Eregli …….	14	29	14	37
Oulou Kichla.	16	14	16	24
Bozanti …..	17	42	17	57
Dorak …….	19	43	19	45
Yénidjé …..	20	12	20	26
Adana ….. .	21	17	—	—

Yénidjé - H. - Pacha
Trains N° 605/205/3 circulant journellement avec Wagon-Lit 3 fois par semaine

STATIONS	Arrivée h.	Arrivée m.	Départ h.	Départ m.
Adana …..	—	—	6	40
Yénidjé … ..	7	17	7	52
Dorak ….. ..	8	22	8	24
Bozanti …..	10	23	10	38
Oulou Kichla.	12	39	12	49
Eregli …….	14	10	14	30
Karaman ….	16	46	16	54
Tchoumra . …	18	16	18	24
Konia …….	19	26	20	11
Séraï-Eunu . ..	22	06	22	14
Ilghin ….. ..	23	27	23	35
Ak-Chéhir …	1	03	1	11
Tchaï …….	2	30	2	40
Afion * . …..	3	46	4	06
Alayund …..	6	37	6	45
Eski-Chéhir *.	8	34	9	12
Bilédjik ……	11	42	11	57
Mékédjé …….	13	21	13	31
Arifié … ….	14	52	14	57
Ismid * …….	16	05	16	55
Héréké …….	17	46	17	54
Pendik . . ….	19	08	19	16
H.-Pacha * …	19	54	—	—

Auf dem Bahnsteig ein lärmendes, schwatzendes Durcheinander von Männern im Tarbusch und von Czapkalis – Hutträgern – mit Frauen und Kindern. Hamals (Lastträger) schleppen das Gepäck. Offiziere gehen plaudernd auf und ab, ganz wie die Leutnants zu Hause, nur daß sie nicht flirten, wenigstens nicht wahrnehmbar; denn so etwas gibt es für die Bekenner des Propheten nicht. Die Türken, die mitfahren, passen von weitem auf, daß ihre Frauen richtig verstaut werden. Es sind Gemütsmenschen; viele von ihnen fahren erster oder zweiter Klasse, ihre Weiber aber müssen erbarmungslos in das überfüllte Haremlik dritter Güte hinein und richten sich dort zankend und schreiend mit ihren Habseligkeiten ein. ...

Der Zug ist ziemlich lang. Seine Durchgangswagen sind nach dem Muster unserer Speise- und Schlafwagen gebaut, so daß der Zug als Ganzes einen höchst feudalen Eindruck macht. Auch ein paar Güterwagen laufen mit. Einer davon steckt voller Rekruten, die in der europäischen Türkei ausgehoben worden sind und nun nach irgendeiner Garnison Anatoliens verfrachtet werden.«

Ein Teil der Anatolischen Eisenbahn, die 90 Kilometer lange Anfangsstrecke *Haidar Pascha–Ismid,* war bereits seit 1872 in Betrieb. Der Zug windet sich – an den Vorstädten Konstantinopels vorbei – auf halber Höhe am Nordufer des Golfs von Ismid hin, mit prächtigen Ausblicken auf den Golf, die Prinzeninseln, den bithynischen Olymp und die ihm vorgelagerten Bergketten. Landschaftlich war dies wohl eine der schönsten Bahnstrecken Europas, wie es häufig in alten Reiseberichten beschrieben wird: »Von berückender Anmut, von völlig italienischer Schönheit ist diese vom Marmarameer gebildete, bergumzogene, sanftgeschwungene Bucht von Ismid, kleine Dörfchen liegen an ihren Abhängen, aus dem dichten Grün der Öl- und Feigenbäume, der Kastanienwaldungen und Lorbeerhecken lugen die weißen Kuppeln der Moscheen und zierlichen Häupter der Minaretts heraus, schmucke Villen spiegeln sich in den klaren Fluten, Blumenteppiche buntester Art sind in die satten Wiesen gewirkt und dichte Ephenschleier umspinnen die grauen Gemäuer einstiger antiker Bauten und ehemaliger Genuesenburgen, die mit ihren trotzigen, mächtigen Überresten an sturmbewegte Zeiten mahnen.« – So schildert Paul Lindenberg eine Eisenbahnfahrt im Jahre 1902.

Bahnstrecke am Golf von Ismid (Zeichnung aus einem Geschenkband der Anatolischen Eisenbahn-Gesellschaft 1917)

Dieser erste Abschnitt der Bahn nahm einen uralten Weg: Kreuzritter zogen hier weiter ins Heilige Land, Karawanen, Händler und Krieger, Heerzüge aller Jahrtausende bewegten sich hier entlang. Die Strecke Konstantinopel–Ismid war immer umkämpft, belagert, gefährdet und begehrt – sozusagen eine geschichtliche Hauptstraße. Konstantin der Große liegt in Ismid begraben, hier starb auch der ruhmreiche Belisar, der Feldherr Kaiser Justinians I., und nahe an der

Bahn, auf einer kleinen Anhöhe, von Zypressen umgeben, liegt wohl Hannibals Grab, so wie schon Plinius es beschrieb. In der Nähe der Ruinen von Libyssa, nicht weit von der Station Guebzeh, soll sich der große Karthager im Jahre 183 v. Chr. vergiftet haben, um nicht den verhaßten Römern in die Hände zu fallen.

Hier wird Hannibals Grab vermutet: In der Nähe der Station Guebzeh (Ansicht um 1880)

Die Bahn fährt weiter durch fruchtbare Gartengebiete, an ziegelgedeckten weißen Stationshäusern vorbei. Bahnbeamte in Uniformen grüßten häufig auf deutsch, denn bei der Besetzung der verantwortlichen Stellen wurden zunächst Deutsche bevorzugt, daneben Österreicher und Schweizer, aber auch Griechen, Armenier, Franzosen, Italiener und Türken. Das Lokomotivpersonal und die Bahnarbeiter waren dagegen fast ausschließlich Türken.

»Das Land ist ein großer Garten. Wein gedeiht da und die Feige und Gemüse aller Art und der Maulbeer der Seidenzüchter. Landhaus folgt auf Landhaus. Es sind lauter Holzbauten; oft sind sie wirklich hübsch in ihren hellen Farben, ihrer reichen Gliederung, ihren kunstvollen Fensterverschlägen. Allzu ängstlich wird das Geheimnis des Harems nicht gewahrt. Vielfach sind die Fenster, wohl zur Morgenlüftung geöffnet, und die Bewohnerinnen, meist alte Eulen, starren uns ungekämmt mit großen Augen an.« – So kommentierte der Reisebericht von 1912.

Heréké (um 1890)

Bei dem Städtchen *Heréké* begannen dichte Maulbeerpflanzungen, denn in diesem Ort, wie in vielen folgenden, pflegte man sorgsam die Seidenraupe. Heréké war vor allem durch seine Teppiche weltberühmt. Die Teppich- und Seidenfabrik des Sultans belieferte von hier aus Paläste und Villen in aller Welt mit den wertvollsten und prachtvollsten Erzeugnissen der orientalischen Teppichkunst.

Ismid selbst, das antike *Nikomedia,* 264 v. Chr. von König Nikomedes I. gegründet, war bis 74 v. Chr. die Hauptstadt des Königreiches Bithynien, das später römische Provinz wurde. Hier residierte als Prokonsul von 111 bis 113 n. Chr. Plinius der Jüngere, im Sonderauftrag Trajans, zuständig unter anderem für die Christenprozesse. Die römischen Kaiser Diokletian, Trajan und Hadrian – mit seinem Lustknaben Antinous – sowie Konstantin der Große weilten häufig in Ismid und führten einen illustren Hofstaat. Diokletian errichtete oberhalb des Meeres, inmitten herrlicher Parkanlagen, einen weitläufigen Palast, von dem die Bahnreisenden um die Jahrhundertwende noch einige Reste sehen konnten.

Über Ismid lesen wir in einer Schilderung von Ewald Banse (»Auf den Spuren der Bagdadbahn«) aus dem Jahre 1913: »Auf dem Bahnhof von Ismid sah ich die ersten europäischen Touristen wieder. Die Herren in eleganten Glockenröckchen und Lackstiefeln, die

Ismid mit Ruinen des Diokletian-Palastes (um 1900)

Damen aufgetackelt und affig, ungeschickt sich benehmend und deshalb ausgelacht von den Eingeborenen. ... Die Stadt liegt wunderhübsch, im Innenwinkel des prachtvollen, blauen, bergumzirkten Golfs«, doch die »Gasthöfe taugen sämtlich nichts.«

Ismid, das um die Jahrhundertwende 20000 Einwohner zählte, war damals ein wichtiger See- und Landhandelsort, von dessen Umsatz auch jene kolossalen Getreidedepots ein Bild gaben, die von der Anatolischen Eisenbahn-Gesellschaft im Hafen von *Dérindjé,* acht Kilometer westlich von Ismid gelegen, gebaut wurden.

Ismid: Die Eisenbahnschienen verlaufen mitten durch die Stadt (um 1900)

ISMID – ESKISCHEHIR – ANKARA

Bei Ismid verläßt die Bahn die Küste. Sie fährt zunächst in östlicher Richtung zum *Sabandjasee* und biegt dann nach Süden ab :n das Tal des *Saccaria,* den sie mehrfach auf Brücken überquert. Das Saccariatal ist schmal, an den breitesten Stellen nur wenige hundert Meter messend, während an den schmalsten die Bergwände bis dicht an den Strom herantreten.

»Die Landschaft entwickelt sich nunmehr schnell zu wilder Großartigkeit; durch tiefe Schluchten längs eines schäumenden Flusses geht es hindurch; bewaldete Berge, aus deren Grün dann auf den Höhen kahle Felsen in Kanzeln und Graten aufragen, purzeln gewissermaßen übereinander. Der Fluß ist donauartig weiß, doch mit bräunlichem statt blauem Grundton. Es ist der Saccaria, und er will zum Schwarzen Meer. Großartige Einsamkeit bald, und dann wieder bei irgendeiner Erweiterung des Tals, mitten im Gebirge, bestelltes und, wie es aussieht, reich tragendes Land mit Feigen und Getreide. Auch der Maulbeerbaum mit seinen bald buschigen, bald krüppligen Stämmen spielt noch eine Rolle. Am Wege blühen riesige Disteln, blau und rosa. Alte Ziehbrunnen; in

An einer Station der Anatolischen Bahn am Golf von Ismid (um 1910)

Im Saccariatal (um 1890)

Der Bahnhof von Mekedje (um 1890)

der Tränke davor nehmen Hunde ihr Bad. Büffel ahlen sich faul in einer Dreckpfütze und machen hochmütige, überlegene Gesichter dazu.« – Wir folgen hier wieder den Schilderungen des Reiseberichts von Zimmermann.

Die Bahntrasse führt weiter, an den Städtchen *Gueve, Mekedje* und *Lefke* vorbei, den Hauptorten für die Seidenzucht. Die Häuser der Bauern machten damals einen durchaus wohlhabenden Eindruck; ihr Inneres war jedoch nicht für die Menschen, sondern für die Seidenraupe bestimmt. Die meisten Räume beherbergten dichtstehende Gerüste mit Strauchwerk, in denen die Seidenraupen gezüchtet wurden. Die Tiere verlangten sorgsame Pflege und mußten fortwährend mit frischem Laub versorgt werden, denn ihre Freßlust grenzte ans Unglaubliche. In guten Jahren räumte man ihnen selbst die Wohnzimmer ein, in denen sie sich breitmachen konnten. Die Seidenzucht im unteren Saccaria- und dem anschließenden Karasutal prosperierte zu Beginn des 20. Jahrhunderts und hob den Wohlstand in der Region. Durch die Eisenbahn erhoffte man sich eine weitere Steigerung.

Karawanen liefern Güter zum Bahnhof nach Lefke

Etwa 20 Kilometer westlich der Bahnstation von *Mekedje* liegt *Isnik* am gleichnamigen See. Die Stadt, das alte *Nicaea,* ist mit einer mächtigen Stadtmauer befestigt, die zum Teil noch aus dem 1. Jahrhundert stammt. Isnik war eine der wichtigsten, zeitweise reichsten und glanzvollsten Städte des Byzantinischen Reiches. Hier hielt Konstantin der Große im Jahre 325 jene berühmte Synode ab, die, im Palast des Kaisers tagend, in die Religionsgeschichte einging: Das Erste Ökumenische Konzil klärte mit dem Nicänischen Glaubensbekenntnis Streitfragen in bezug auf frühchristliche Dogmen. Der Streit zwischen dem Arianismus und der byzantinischen Kirche beschwor damals jene religiösen Kämpfe hervor, die viele tausend Menschen das Leben kosteten. Die Religionsstreitigkeiten sind längst verstummt, und an die Stelle der Kirchen sind türkische Moscheen getreten, seit die Stadt 1298 zum Osmanischen Reich kam.

Panorama von Isnik (Nicaea) mit der Stadtmauer (um 1900)

Im Karasutal

Südlich von Lefke verläßt die Bahn das Saccariatal und fährt weiter durch das enge Tal des *Karasu.* Der Fluß wird zum reißenden Gebirgswasser, sein Tal verengt sich in zahlreichen bizarren Schluchten, so etwa zwischen *Vezirhan* und *Biledjik.* In den felsigen Cañons werden die schönsten Karl-May-Phantasien wach. Die gewaltigen Felsmauern steigen zwischen 150 und 300 Meter hoch fast senkrecht auf und lassen gerade Platz für die Bahnlinie und den Fluß. An der schmalsten Stelle sind von Wand zu Wand nur 37 Meter Raum. Auch jetzt noch folgen die Schienen genau jenem Weg, den einst die Kreuzzüge nahmen. Und nicht nur die Kreuzfahrer kamen hier vorbei; durch Vezirhan führte die Seidenstraße, jener berühmte Handelsweg, auf dem schon Marco Polo von Konstantinopel über Konya nach Bagdad und weiter nach China zog.

Die Eisenbahn beginnt jetzt den Anstieg auf das Hochplateau, das zwischen 700 und 800 Meter hoch ist. Über Brücken und durch Tunnel geht es hinauf nach *Eskischehir* (Eskişehir), dem Hauptort und Handelsplatz auf der anatolischen Hochebene. Der Ort, das antike phrygische Dorylaeum, war wegen seiner Meerschaumgruben schon von alters her bekannt. Während jedoch noch im 19. Jahrhundert die Nachfrage nach Meerschaum sehr rege war und Eskischehir geradezu

Rechte Seite: Die Karasuschlucht bei Vezirhan

Der Bahnhof von Biledjik

Die Bahn fährt über das Viadukt von Pekdemir (nördlich von Eskischehir)

ein Monopol besaß, ging der Absatz seit Beginn dieses Jahrhunderts stark zurück.

Die Stadt mit ihren 15000 bis 20000 Einwohnern (um 1900) besaß neben der Meerschaumfabrikation einige weitere Industrie: Zucker-, Leder- und Textilfabriken, Seidenspinnereien, Ziegeleien sowie Nahrungsmittelfabriken. In dieser wichtigen Station der Anatolischen Eisenbahn errichtete die Bahngesellschaft einen großen Bahnhof sowie Reparaturwerkstätten für die Lokomotiven und die Waggons. In der Stadt gab es auch eine Schule für die Kinder der großen deutschen Kolonie.

Blick auf Bozyuk (nördlich von Eskischehir)

Von Eskischehir führte die Bahn zunächst weiter nach Osten, in die an beiden Ufern des Porsuk liegende – durch ihre Ziegen und Katzen bekannte – Stadt *Ankara,* die bis 1930 von den Europäern *Angora* genannt wurde. Die alte Handelsstadt war der Mittelpunkt für die Zucht der berühmten Angoraziegen. Die schönen weiß-seiden-

Bearbeitung von Meerschaum in Eskischehir

Der Bahnhof von Eskischehir

Blick in die Reparaturwerkstätten
in Eskischehir

haarigen Tiere wurden jedoch nicht nur hier, sondern in ganz Kleinasien gezüchtet.

Blick auf Ankara (um 1880)

Die Stadt liegt 850 Meter hoch in einem Becken des nördlichen zentralanatolischen Hochlandes, am Fuße eines steilen, pittoresken Felskegels, der von einer römischen Zitadelle gekrönt wird. Ankara ist das alte Ancyra, eine der blühendsten vorderasiatischen Städte des Altertums, die um 1200 v. Chr. von Phrygiern besiedelt wurde, denen Perser, Galater und die Römer folgten. Sie erhoben die Stadt im Jahre 25 v. Chr. zur Hauptstadt der römischen Provinz Galatien. Hier stand jener herrliche Tempel, der der Göttin Roma und Kaiser Augustus gewidmet war. Eine Außenwand der Cella trug das *Monumentum Ancyranum,* jene von Augustus selbst verfaßte Übersicht seiner Taten (Res gestae Divi Augusti) in lateinischer und griechischer Sprache.

Ankara hatte im 7. und 8. Jahrhundert unter den Einfällen der Araber schwer zu leiden und kam im 13. Jahrhundert in die Gewalt der Seldschuken. Seit 1361 gehörte die Stadt zum Osmanischen Reich, dessen Sultan Bajasid I. im Jahre 1402 bei Ankara von den Mongolen unter Timur entscheidend geschlagen wurde.

Die alte römische Stadt Ancyra soll schon einmal 200 000 Bewohner gehabt haben, während sie als Hauptstadt der gleichnamigen

Der Bahnhof in Ankara

Alte Brücke in Eskischehir

türkischen Provinz in der Zeit von 1890 bis 1920 nur rund 40000 Einwohner zählte. Mustafa Kemal Atatürk wählte Ankara als Mittelpunkt der nationalen Bewegung und bestimmte die Stadt nach dem Sieg im Unabhängigkeitskampf 1923 zur Hauptstadt des neuen Staates.

In Ankara endete im Jahre 1892 die Anatolische Eisenbahn. Auf Grund politischer und wirtschaftlicher Interessen wählte die Eisenbahngesellschaft für den Weiterbau in Richtung Bagdad eine Trasse, die von Eskischehir südlich nach Konya führte. Von Ankara in Richtung Osten übernahmen weiterhin Pferde- und Kamelkarawanen die Warentransporte nach Kayseri und Sivas. Erst in den zwanziger Jahren baute der türkische Staat die Eisenbahn von Ankara nach Sivas, die 1930 eröffnet wurde.

Die Ruinen des Augustus-Tempels in Ankara

ESKISCHEHIR – AFYON – KONYA

Von Eskischehir führt der südliche Zweig der Anatolischen Eisenbahn zunächst nach Alayund und Afyon. Keuktche-Kissik, Saboundji-Bounar, Tchekurler, Deuyer oder Gazligueul-Hamam, so lauten jetzt die exotischen Namen der Bahnstationen, die auch in dieser Landschaft mit ihren Bahnhofshäuschen aussehen wie Bahnstationen im Schwarzwald. Von *Alayund* aus führte eine Stichbahn in die nahe gelegene Stadt *Kutahia,* die von den Ruinen einer großen byzantinischen Zitadelle überragt wird. Kutahia, das antike *Kotyaeon,* wurde von Alexander dem Großen auf seinem Marsch nach Gordion berührt. Die Stadt stieg im 16. Jahrhundert zum bedeutendsten Handelszentrum der westlichen Türkei empor, geriet dann jedoch ziemlich in Vergessenheit. Sie ist vor allem bekannt durch ihre kostbaren Fayencen und Keramiken, die seit dem 16. Jahrhundert hier hergestellt werden.

In der Umgebung der Bahnstrecke liegen viele Felsenhöhlen, gerade so wie Karl May sie in seinen Geschichten beschreibt, auch im Band »Von Bagdad nach Stambul«. Die Höhlen dienten ehemals als Wohnstätten und standen mit dem Christentum in engem Zusammenhang, war doch Kleinasien das Gebiet, in dem sich, nach Syrien und Palästina, der neue Glaube zuerst verbreitete. Die Christenverfolgungen, die unter den römischen Kaisern Nero, Caracalla, Julian und Diokletian viel Blutvergießen verursachten, zwangen die verfolgten Menschen, in verlassenen Landstrichen Katakomben und Höhlenwohnungen auszuheben.

Schließlich beginnt eine tischebene Hochfläche, um die 1000 Meter hoch, auf der sich die Anatolische Bahn *Afyon-Karahissar* nähert, einem wichtigen Eisenbahnknotenpunkt. Hier hatte sie Anschluß an die Bahnstrecke nach *Alachehir* und *Kassaba* und weiter zum Mittelmeer, nach *Smyrna.*

»Opium-Schwarzburg«, so lautet übersetzt der Name der alten Handels- und Karawanenstadt Afyon-Karahissar. Sie lag inmitten eines ausgedehnten Anbaugebietes von Schlafmohn und war zentraler Umschlagplatz für Opium (Afiun). Mit der »Schwarzburg« ist die auf dem 226 Meter hohen Trachytfelsen gelegene Zitadelle aus dem 13. Jahrhundert gemeint. Hier bestand schon im 2. Jahrtausend

Der Bahnhof in Afyon-Karahissar

An einer Station der Eisenbahn von Afyon-Karahissar nach Smyrna

v. Chr. eine Hethiterfestung. Später folgten Phrygier, Byzantiner und schließlich Seldschuken, die diese Felskuppe besiedelten und befestigten. An den Berghang schmiegt sich eine malerische Altstadt mit zahlreichen Moscheen, darunter besonders die Ulu Cami, das Musterbeispiel einer seldschukischen Holzmoschee aus dem 13. Jahrhundert.

»Ich klettere einen halben Tag in dem Fels von Afion-Karahissar herum. Eidechsen huschen über seine moosbewachsenen Blöcke; ein kleiner Falke plustert sich auf einem der Steine, andere kreisen neben Bussarden und dem Proletarier Milan längs der Wände. Auf den Spitzen der höchsten Klippen sitzen nachdenklich schwarze Störche. Unten reiche Flur, soweit das Auge sieht; Weizenfelder und Mohnäcker, und alles strahlt in lichter Sonne. Auf den Straßen selbst viel Leben. Die Stadt ist eine wichtige Station; neben der anatolischen Bahn, die sie mit Konstantinopel und dem Inneren verbindet, mündet hier die französische Bahn nach Smyrna. Afion heißt Opium; die Mohnfelder dienen der Opiumgewinnung, und so ist die Gegend eine der Hauptbezugsquellen der Smyrnaer Ausfuhr des großen Betäubungsmittels.« (Zimmermann, 1912)

Rechte Seite:
Blick auf Kutahia (um 1890)

Afyon-Karahissar mit dem 226 Meter hohen Trachytfelsen

Die Eisenbahn verläßt Afyon in Richtung *Tschai (Cay)*. Die Trasse folgt einem alten zentralanatolischen Karawanenweg mit zahlreichen Karawansereien an der Strecke. Sie führt zunächst durch Hügelland, später durch die Salzsteppe: »Wüste. Lange, dünne Schatten überall, auch auf dem Gelb der Ebene unter uns, wo etwa ein Büschel Gras einen Finger hoch über den anderen hinausragt. Nur ganz dünner, hoffnungsloser, von der Sonne gedörrter Rasen entsprießt strichweise und verloren dem dürren Land. In großartiger Ruhe und von keinem lebenden Wesen in der Unbeweglichkeit seiner Erstarrung gestört, streckt es sich, so weit das Auge reicht. Wir fahren ziemlich hoch am Abhang der Höhen dahin, die die Ebene an unserer Seite begrenzen; die Kuppen gegenüber sind schnell ins Blau der Ferne zurückgetreten und rahmen jetzt den Horizont. Keine Spur des Menschen drunten, keine Siedlung, so weit auch der Blick schweift, kein Tier, nicht einmal ein Vogel in der Luft. Ein Schweigen, das drückt und erhebt. So geht es weiter und weiter.

Aus dem Blau der Berge jenseits wird dann schnell ein ganz zartes, duftendes Lila, das in wunderbaren Tönen in das Dämmern der Steppe überläuft. Wieder ein Pfiff der Maschine. Hastiges Klingeln, Trappeln und wildes Hundegebell dringen zum Zug hinauf. Dicker Staub wirbelt empor; eine Schafherde hat sich vor unserem Pfeifen entsetzt und hastet nun, vom großen Pan gejagt, holterpolter ein paar hundert Meter weit. Für das Kleinvieh also langt der Boden doch noch, trotz der Dürre! ... Noch ein Weilchen, und es wird wieder lebendig. Baumgruppen tauchen auf, so zahlreich wie sie seit dem Marmarameer nicht mehr zu sehen waren. Besonders häufig ist die italienische Pappel. Man sieht durch das Dunkel Licht, Straßen, Menschen. Dann läuft der Zug in den Bahnhof ein. Wir sind in Konia, der Hauptstadt des inneren Anatoliens.« – So wieder der Reisebericht von 1912.

Der Bahnhof in Konya, 1896 eröffnet

Konya, dessen Siedlungsspuren bis ins 3. Jahrtausend v. Chr. zurückreichen, ist eine phrygische Gründung. Ab 333/334 v. Chr. gehörte *Ikonion,* wie die Stadt damals hieß, zum Reich Alexanders des Großen. Konya behielt in den folgenden Jahrhunderten unter hellenistischer, römischer und byzantinischer Herrschaft seine regionale Bedeutung.

Panorama von Konya (um 1890)

Konya: Seldschukische Sahib-Atta-Moschee

Vom 12. bis zum 14. Jahrhundert war Konya die Hauptstadt des Seldschuken-Reiches. Die mächtigen Seldschuken-Sultane wendeten große Sorgfalt auf die Verschönerung ihrer Stadt und schmückten sie mit zahlreichen prächtigen Bauten. Sie hielten hof auf der Burg des mittelalterlichen Konya und versammelten Künstler und Wissenschaftler um sich. Darunter befand sich auch der Philosoph und Dichter Maulawi (Dschalaloddin Rumi), der im 13. Jahrhundert den berühmten Derwischorden gründete. Dieser Blütezeit alttürkischer Kultur machten die Einfälle der Mongolen ein jähes Ende. Nach der Mongolenherrschaft eroberten die Osmanen im Jahre 1460 Konya.

Konya steht auch in Verbindung zur deutschen Geschichte: Die Stadt wurde nach heftigen Kämpfen im Mai 1190 von Kaiser Friedrich I. Barbarossa auf seinem Kreuzzug nach Palästina erobert. Das ehemals 3000 Ritter zählende Kreuzfahrerheer unter der Führung des Kaisers war nach schweren Kämpfen mit turkmenischen Nomadenstämmen, von der Regierung des Sultans in Konya kaum kontrolliert, unter großen Verlusten an Menschen, Pferden und Proviant in die zentralanatolische Hochebene nördlich von Konya gelangt. Die erschöpften und ausgehungerten Männer nahmen die Stadt im Sturm und richteten ein furchtbares Blutbad unter den Einwohnern an, ohne zwischen Muslimen und Christen – in Konya lebten damals viele Griechen – zu unterscheiden. Friedrich schloß dann schnell Frieden, rüstete sein Heer neu aus und brach Ende Mai in Richtung Syrien auf, wo er kurz darauf in einem der Taurustäler den Tod finden sollte.

Das Regierungsgebäude in Konya; für den innerstädtischen Verkehr sorgte eine Pferdebahn (um 1910)

Konya zählte um die Jahrhundertwende rund 30000 Einwohner und war ein wichtiger Handelsplatz sowie ein Zentrum der türkischen Teppichweberei. Die Bewässerungsanlagen in der Ebene von Konya, die 1913 fertiggestellt worden waren und die Umgebung der Stadt in fruchtbares Weizenland verwandeln sollten, verfielen freilich im Ersten Weltkrieg wieder und mußten später wiederaufgebaut werden.

Doch werfen wir einen Blick auf die Fahrgäste, die damals mit der Anatolischen Bahn fuhren:

»Die Wagen der dritten Klasse sind überfüllt; zum Teil sind die Abteile verhangen. Dort sitzen die Weiber, auch Griechenfrauen, Armenierinnen, Jüdinnen usw. Es ist streng verboten, daß Moslems in einem Abteil fahren, in dem eine Frau sitzt; dafür haben die Wagen aller Klassen ein als Haremlik zurückgehaltenes Abteil. Die Reisenden der dritten Klasse sind anatolische Bauern, dazwischen Griechen, Bulgaren, ein paar Popen, Soldaten, Gendarmen. Melonen, Gurken, Brot, Wasser, harte Eier, die auf den Bahnsteigen feilgehalten werden, finden in den Wagen der 3. Klasse Absatz in erstaunlicher Menge, werden aber auch von den orientalischen Reisenden der anderen Klassen bei jedem Aufenthalt eingehandelt.

Auch die Abteile der zweiten Klasse sind gut besetzt. Ein großer Teil der Fahrgäste sind türkische Offiziere und Militärärzte; übrigens hängt hinten am Zuge auch der unvermeidliche Viehwagen voll Soldaten. In einem Abteil sitzt ein ›tanzender‹ Derwisch in seinem langen Mantel, zwei Armenier, zwei Juden aus Konstantinopel (ein Lebensversicherungsagent und der Direktor einer bekannten Konstantinopler Importfirma, der Konya elektrisch beleuchten will),

Tanzende Derwische

und ein deutscher Monteur aus Magdeburg. Der Derwisch, ein großer, schöner Mann von etwa fünfzig Jahren, fährt nach Konya, wo eine Tagung seines sehr einflußreichen Ordens stattfindet.

Erster Klasse fahren ein junger türkischer Gendarmeriemajor, der als Direktor der dortigen Gendarmerieschule nach Damaskus geht; ein feiner, stiller alter Herr, Mitglied des Parlaments zu Konstantinopel, der nach Hause will; Herr Mordtmann, Leiter der Niederlassung der Deutschen Orientbank in Adana, ein deutscher Techniker, der zum Bahnbau nach dem Taurus geht, und schließlich meine Wenigkeit.« (Adalbert Zimmermann, 1912)

Zwanzig Jahre später hatte sich Anatolien nicht stark verändert, wie ein Reisebericht des Direktors der Deutsch-Asiatischen Bank, Christian Gertig, aus dem Jahre 1929 zeigt:

»Nach einer ziemlich kühlen Nacht kam ich um sieben Uhr morgens in Konya an. Von der Stadt ist leider wenig zu sehen, sie liegt zwanzig Minuten vom Bahnhof entfernt. Nur der Burghügel, die schlanken Minaretts der Moscheen und die Ziegeldächer der meist einstöckigen Häuser lassen sich von der Bahn aus erkennen. Nördlich des Schienenweges zieht sich die Salzwüste hin, die im Nordosten bis über den Tuz-Goel hinaus reicht.

Auch hier wieder große Büffelherden, die es sich im Sumpfgelände bequem machen, über dem zahlreiche Störche und Reiher

Bahnstation südlich von Konya: Die ankommenden Reisenden besteigen die Pferdewagen nach den umliegenden Orten (um 1900)

schweben. Tschumra, Arik-Ören und wie die kleinen Stationen alle heißen, die in der unendlichen Ebene liegen, bieten sämtlich einen mehr oder weniger trostlosen Anblick. In den Dörfern an der Bahnlinie sind die Frauen fast ausnahmslos verschleiert und tragen Pumphosen, ganz wie in alter Zeit. Die Dörfer Anatoliens mit ihren Lehmhäusern und flachen Dächern erinnern sehr an Zentralasien, und selbst die Lagerzelte der Hirten, die man von der Bahn aus reichlich zu sehen bekommt, sind schwarz. Die einzige Abwechslung auf diesem monotonen Plateau bieten nur die Viehherden, sonst ist weit und breit kein Baum und kein Strauch zu erblicken. Auf dem Bahnhof von Eregli sah ich zum ersten Male auf meiner Reise neben Autos eine große Kamelkarawane, die ihrer Abfertigung harrte.«

Der Bahnhof in Eregli (um 1910)

KONYA – ADANA – EUPHRAT

Die Bahn verläßt Konya in Richtung *Eregli* und durchquert dann den *Taurus*, ein wild zerklüftetes, von tiefen Schluchten und reißenden Wildbächen durchzogenes, höhlen- und zum Teil noch waldreiches Karstgebirge. In der Mitte des Gebirges, zwischen den beiden Haupterhebungen des Bulgar Dagh (3600 m) und des Ala Dagh (3300 m), verlaufen die zwei gewaltigen Schluchten des Tschakit- und des Kerkunflusses. Ab *Ulukischla* (östlich von Eregli) folgt die Bahnlinie dem Oberlauf des Tschakit und überwindet das Schneegebirge dort, wo schon immer Handelsleute und Krieger diese Hürde zu nehmen pflegten: an dem berühmten Paß der Pylae Ciliciae, der Kilikischen Pforte.

Über diesen Übergang zogen von alters her unzählige Heerscharen, von der Zeit der Assyrerkönige bis zu den vielen Zügen der Kreuzfahrer. Xerxes, Darius, Cyros, Xenophon, Alexander der Große, Harun al-Raschid,

Blick auf den Ala Dagh (um 1910)

Rechte Seite: Die Bahnhofsanlagen von Karapunar im Taurus

Ulukischla, mit 1460 Metern der höchste Punkt der Bagdadbahn (Winter 1915)

Bozanti im Taurus

Friedrich I. Barbarossa, Gottfried von Bouillon und viele andere sind durch diese Pforte marschiert, die an der engsten Stelle nur zwei bis drei Meter Raum bietet.

Im wild zerrissenen Kammgebirge des Taurus, wo Tunnel auf Tunnel, Viadukt auf Viadukt folgt, mußten sogar die Dienstwege der Bauarbeiter durch Sprengungen und Bohrungen in den schroffen Felswänden erst mühsam geschaffen werden. »Die Szenerie ist von erhabener Größe und äußerst eindrucksvoll. Hinter Polemedik beginnen die großen Taurustunnels, die bei der Station Hadschkiri enden, 22 an der Zahl, die man in etwa 30 Minuten durchfährt; nur immer auf Sekunden ist man im Tageslicht.« (Reisebericht 1929)

Das große Giaurdere-Viadukt im Taurus

Kurz hinter der Station *Hadschkiri* (Haciciri) fährt die Bahn über das große Giaurdere-Viadukt, gemauert im Stil römischer Wasserleitungen mit drei großen Bögen. Gut 100 Meter hoch

Streckenabschnitt im Taurus (um 1914)

überquert es eine tiefe Schlucht. Nicht weit von hier, in einem der schönsten Täler des Taurus, ertrank im Juni 1190 während seines Kreuzzuges nach Palästina der deutsche Kaiser Friedrich I. Barbarossa im Flusse Salef.

Die Bahn überschreitet den Taurus in einer Höhe von 1465 Metern und fährt in zahlreichen Windungen hinab nach *Adana* (25 Meter Meereshöhe), am Fluß Seihun gelegen, der hier von einer sechzehnbogigen, aus der Römerzeit stammenden Brücke überquert wird. Die Stadt ist eine alte, wohl hethitische Gründung aus dem 14. Jahrhundert v. Chr. und als Schlüsselpunkt zu den Taurusübergängen von eminenter strategischer Bedeutung. Als Verbindungsposten zwischen Kleinasien, Syrien und Mesopotamien besaß die um die Jahrhundertwende 35 000 Einwohner zählende Stadt auch große handelspolitische Wichtigkeit.

Obwohl teilweise versumpft und als Malariaherd verrufen, war die Ebene von Adana von außerordentlicher Fruchtbarkeit und seit

Das Bahnhofsgebäude in Adana, 1912 eröffnet

Adana mit Blick über den Seihunfluß (um 1914)

dem Altertum durch ihre landwirtschaftlichen Schätze berühmt. Ihr fast tropisch-warmes Klima bot für den Anbau von Baumwolle sowie von Reis und Zuckerrohr günstige Bedingungen. Dazu kamen Getreide und Zitrusfrüchte sowie die Früchte der Dattelpalme.

Die wirtschaftlichen Perspektiven Adanas galten als gut: »Die Kamele, die am Ufer lagen, die Büffelherden, die zur Tränke geführt werden, die zahlreichen Schiffsmühlen geben der Umgebung der Stadt ein lebendiges Gepräge, und auch in ihrem Innern herrscht reges Treiben; an Markttagen vermögen die Straßen das Menschengedränge kaum zu fassen.« (Bericht der Studienkommission von 1900)

Im Jahre 1906 erwarb die Anatolische Eisenbahn-Gesellschaft die kurze, 65 Kilometer lange Bahnstrecke, die von Adana über Tarsus an das Mittelmeer nach Mersina führte und die bisher unter englisch-französischer Verwaltung stand. So gewann die Bahn einen direkten Zugang zum Mittelmeer, zu dem wichtigen Hafen von Mersina, über den die Produkte der Kilikischen Ebene ausgeführt wurden.

Nach der Überquerung des Amanus bei Bagtsche, in einer Höhe von 600 Metern, biegt die Bahn scharf nach Südosten um und fährt nach *Aleppo,* der alten nordsyrischen Handelsmetropole. Die Anfänge der mit etwa 200 000 Einwohnern (1910) zweitgrößten Stadt Syriens reichen bis in das zweite vorchristliche Jahrtausend zurück.

Bagtsche im Amanusgebirge

Assyrer, Perser, Araber, Byzantiner, Kreuzfahrer, Mongolen, Mamelucken und Osmanen kämpften im Laufe der Jahrhunderte um den Besitz der Stadt, die von jeher berühmt war als Stapelplatz für europäische und levantinische, indische und persische Waren.

In der ersten Hälfte des 19. Jahrhunderts wurde Aleppo zweimal durch schwere Erdbeben verwüstet, blühte dank seiner günstigen Lage jedoch rasch wieder auf. Baumwoll- und Seidenwebereien hat-

Blick auf Aleppo (1913)

ten die Stadt berühmt gemacht, Teppichwebereien und Gerbereien boten weitere gewerbliche Möglichkeiten. Mit schönen Moschee- und Kirchenbauten, mit breiten Straßen und gepflegten Häusern bot Aleppo den Reisenden einen wohlhabenden Eindruck.

Die Bagdadbahn gewann in Aleppo Anschluß an das syrische Eisenbahnnetz, an die Eisenbahn, die über Hama und Homs nach Damaskus führte. Sie war von französischen Gesellschaften in den Jahren 1893 bis 1905 erbaut worden. Zweiglinien verbanden diese Strecke mit den Küstenstädten Tripolis und Beirut. Von Damaskus südlich nach Medina führte die berühmte »Hedschasbahn«, deren Bau in den Jahren 1901 bis 1908 von dem deutschen Ingenieur August Heinrich Meißner-Pascha durchgeführt wurde. Die Baukosten dieser Eisenbahn zu den heiligen Stätten des Islam brachten Mohammedaner in aller Welt durch freiwillige Spenden auf. Eine Verlängerung nach Mekka war damals geplant.

Bevor die Bagdadbahn, die Ebene von Adana hinter sich lassend, die Paßhöhe des Amanusgebirges erreicht, geht aus der Station Toprakale eine Zweiglinie nach *Alexandrette* (İskenderun) ab. Die Hafenstadt am gleichnamigen Golf wurde von Alexander dem Großen im Jahre 333 v. Chr. gegründet, nachdem er auf dem nahe gelegenen Felde von Issus über den Perserkönig Darius III. einen glänzenden Sieg errungen hatte.

In der kurzen Zweiglinie nach Alexandrette hatte die Bagdadbahn ihren kürzesten Zugang zum Mittelmeer. Was der ebenfalls

Ein Zug aus Aleppo läuft in Homs ein

Die Hauptstraße in Alexandrette (um 1910)

durch eine Zweigstrecke an die Hauptlinie angeschlossene Hafen von Mersina für die Kilikische Ebene, das bedeutete Alexandrette für die gesamte Westhälfte des nördlichen Mesopotamien. Über diese bedeutende Handelsstadt und Schiffsstation liefen die für den Export bestimmten Güter aus Aleppo und seiner weiteren Umgebung – Manufakturwaren, Leder, Wolle, Vieh, Butter – sowie die Einfuhren an Baumwoll- und Eisenwaren, die zumeist aus England kamen. Auch der Ausbau des ausgezeichneten Naturhafens von Alexandrette war der Bagdadbahn-Gesellschaft übertragen worden.

Von Aleppo aus wendet sich die Bagdadbahn unter spitzem Winkel wieder nach Nordosten und erreicht das breite Tal des oberen Euphrat, wo *Biredjik,* das alte Römer- und Kreuzfahrerkastell Birtha, die karawanenbelebte Überfahrt beherrscht. Der Ort mit seinen 9000 Einwohnern (um 1900) bildet das Eingangstor nach Mesopotamien.

Der Hafen von Alexandrette (1913)

DJERABLUS – MOSUL – SAMARRA

Bei *Djerablus* überschreitet die Bahn auf der großen zehnbogigen Brücke den *Euphrat*. Auch hier finden sich wieder die Überreste einer berühmten Vergangenheit: Zwischen Hügeln und Schienen liegt ein antikes Trümmerfeld, die letzte Kaisermetropole der Hethiter, *Karkamis*.

Nach Passieren des Euphrat durchquert die Bagdadbahn die größtenteils noch wüsten Steppen Nordmesopotamiens. Von Aintab bis Mosul führt sie durch überwiegend von Kurden bewohntes Gebiet und konkur-

Die große zehnbogige Brücke über den Euphrat

Kurden im armenischen Taurus (um 1910)

Zugunfälle gab es auch

rierte mit den Streitpferden und den Rennkamelen verschiedener Beduinenstämme. In manchen Dörfern traf man auch schon Fellachen, angesiedelte, Ackerbau betreibende Araber. Sie mußten nicht nur den türkischen Beherrschern der Städte – hier vornehmlich Urfa – den »Zehnten« entrichten, sondern auch den mächtigen Beduinen Mesopotamiens Tribut zahlen.

Urfa, das alte Edessa, wurde durch eine Stichbahn mit der etwa 50 Kilometer südlich verlaufenden Hauptstrecke verbunden. Die heilige Stadt ist durch Geschichte und Sage mit allerlei Glanz umgeben. Hierher wird der Geburtsort Abrahams verlegt, hier lebte Abgar Ukkama, jener Herrscher des Reiches von Edessa, der nach der Legende mit Jesus Christus in Briefwechsel stand. In einem nahe Urfa gelegenen Brunnen wurde das älteste Bild Christi, das der Sage nach Jesus dem König Abgar Ukkama geschickt hatte, gefunden. 1098 bis 1144 war die Stadt das Zentrum eines Kreuzfahrerstaates und fiel schließlich 1517 an das Osmanische Reich.

Arghana Maden, die Kupferstadt in Armenien

Die Haupttrasse der Bahn läuft weiter gen Osten, überschreitet den Oberlauf des Chabur, des bedeutendsten Euphrat-Nebenflusses, und erreicht nach Passieren der altarmenischen Königsstadt Tigranocerta das 20 Kilometer südöstlich der Stadt Mardin gelegene Dorf Tel-el-Helif, den Endpunkt des zweiten Bauabschnitts der Bagdadbahn. Von Tel-el-Helif war eine Zweigbahn über Diarbekir nach Arghana Maden und Kaput geplant, die dem Transport der Kupfererze aus dieser Gegend dienen sollte.

Diarbekir, das alte Amida, liegt am rechten Ufer des Tigris. Die Stadt, die unter römischer, persischer und byzantinischer Herrschaft stand, wurde 640

von den Arabern erobert. In den folgenden Jahrhunderten vielfach umkämpft, gehörte Diarbekir seit 1515 zum Osmanischen Reich.

In der Antike war Diarbekir eine der gewaltigsten Festungsanlagen im alten Armenien. Die 5,5 Kilometer lange Stadtmauer, 349 n. Chr. errichtet, wurde im 11. Jahrhundert vollständig erneuert und verstärkt. Sie bot mit ihren schwarzen Basaltsteinen ein düsteres Bild.

Diarbekir: Blick auf Stadtmauer und Tigris

In *Arghana Maden,* dem Bergwerksort am Südfuß des armenischen Taurus, lagen die reichsten Fundstätten für Kupfererze in Vorderasien. Die Erze wurden bisher in Arghana verhüttet und zum Teil auf Kamelen nach Alexandrette ans Mittelmeer gebracht. Nach Abholzung der umliegenden Wälder erlag der Bergbau um die Jahrhundertwende wegen Mangels an Holzkohle zur Verhüttung und wurde erst im Ersten Weltkrieg wiederaufgenommen.

Der nächste erwähnenswerte Ort an der Haupttrasse der Bagdadbahn ist Nisibin, das antike Nisibis, das zu römischer Zeit eine bekannte Stadt war. Nisibin hatte nur wenige Reste seines früheren Glanzes bewahrt und war um die Jahrhundertwende ein großes Dorf mit 5000 Einwohnern.

Der erste Zug auf der Tigrisbrücke bei Arghana Maden (1935)

Die Bahn fährt nun in einem flachen Bogen in Südostrichtung nach *Mosul,* wo sie das rechte Ufer des Tigris erreicht. Mosul zählte rund 50 000 Einwohner (um 1900), galt aber wegen seiner isolierten Lage als armselige, in Verfall befindliche Stadt. Der im Mittelalter bedeutende Handel Mosuls war infolge der noch reichlich mittelalterlichen Verkehrsverhältnisse mehr und mehr zurückgegangen. Auch die einst

Mosul

blühende, jetzt aber fast ganz eingegangene Baumwollproduktion, deren feine, leichte Gewebe nach dieser Stadt den Namen »Musselin« erhalten hatten, fand man hier nicht mehr. Zwar boten die Moscheen mit ihren Kuppeln und Minaretts noch immer einen prächtigen Anblick, doch im Inneren verfiel die Stadt.

»Einen guten Eindruck machte nur die Tigrisbrücke und der unmittelbar daran anschließende Stadtteil von Mosul. Die bunte Menschenmenge, die Karawanen, die einströmen und hinausgehen, die

Die alte Tigrisbrücke, die Mosul mit dem Ruinenfeld von Ninive verbindet (um 1920)

Der Tempelturm von Assur, der alten Hauptstadt Assyriens

vielen Geschäfte, die auf den Straßen getätigt werden, die Cafés mit den Holzgalerien, die bis zum letzten Platz gefüllt waren, das alles bot ein so anziehendes Bild, daß man Schmutz und Verfall vergessen konnte.« (Bericht der Studienkommission von 1900)

Die Brücke, zum Teil auf gemauerten Bögen, zum Teil auf Pontons ruhend, führte auf das linke Tigrisufer, zur Ruinenstadt von *Ninive*, der schon vor zweieinhalb Jahrtausenden zerstörten Hauptstadt des Assyrischen Reiches.

Samarra, der schiitische Wallfahrtsort am Tigris

Stationen der Bagdadbahn im Irak
(um 1935)

Während in der näheren Umgebung Mosuls am Tigrisufer Ackerbau betrieben und sogar Baumwolle angepflanzt wurde, erstreckte sich nach der Überschreitung des karstartigen Gebirgszuges El Gumeile rund 300 Kilometer weit bis in die Gegend nördlich von Bagdad größtenteils Wüste – Sumpfwüste, Sandwüste oder Salzwüste.

Immer am rechten Ufer des Tigris entlang wendet sich die Eisenbahnlinie nach Süden, an den Naphtha- und Erdölquellen vorbei, durch deren Ausbeutung die Bagdadbahn sich einst große weltwirtschaftliche Bedeutung erhofft hatte.

Etwa 100 Kilometer südlich von Mosul liegt die Bahnstation Kalat Schirgat, das alte *Assur,* die älteste Hauptstadt Assyriens, die dem Land den Namen gab. In den Jahren 1903 bis 1914 wurden ihre Überreste von der Deutschen Orient-Gesellschaft ausgegraben.

In dieser Landschaft zogen die Schamar-Beduinen, der mächtigste Stamm in Mesopotamien, ihre Wege sowie weitere, von ihnen abhängige kleinere Stämme. Bei dem Bestreben, Steuern einzutreiben, ließ sich die kleine Besatzung des Forts von Kalat Schirgat 1909 dazu hinreißen, einem Beduinenstamm etwa 150 Kamele als Pfand abzunehmen. Daraufhin folgte ein blutiges, vierstündiges Gefecht gegen mehrere hundert gut bewaffnete, größtenteils berittene Beduinen auf dem Stadtgebiet von Assur, die erbittert um ihr Eigentum kämpften und die Besatzung des Forts beinahe aufgerieben hätten. Ein zeitgenössischer Reisebericht schilderte diese Begebenheit und warnte davor, eine Reise nach Mesopotamien in den ersten Jahren nach Fertigstellung der Bahn als »Vergnügungsreise« aufzufassen.

Nach Passieren der kahlen Gebirgszüge der Dschebel Hamrin und Makhul sowie von Tekrit, einem kleinen Städtchen, 150 Kilometer südlich von Assur, das zum Teil auf den Trümmern einer ehemals byzantinischen Ansiedlung steht, erreicht die Bahn Samarra, den bekannten schiitischen Wallfahrtsort am Tigris. Seine berühmte Moschee mit ihren ganz in Gold ausgelegten Dächern war schon von weitem zu sehen (Bild S. 175). Die Pracht dieses Wallfahrtsortes stand in einem geradezu einzigartigen Kontrast zu der eintönige Öde der Wüste ringsum.

Rund 70 Kilometer südlich, bei Beled, erreichte die Bagdadbahn die babylonische Palmenregion, die sich bis weit über Basra hinaus an den Flußufern des Tigris und des Euphrat hinzog. Mit den Gemüse- und Getreidefeldern, den Orangen- und den Granatbäumen, die auf dem fruchtbaren Marschboden wuchsen, zeigte sie, welche Pracht und Fülle das Land unter günstigen Umständen zu bieten hatte. Doch die Bilder von reichen Kulturen und üppigen Gärten, die der Historiker mit dieser Landschaft verbindet, gehörten größtenteils der Vergangenheit an und hatten mit der Gegenwart um 1910 wenig gemein.

BAGDAD – BASRA – PERSISCHER GOLF

Blick auf Bagdad (1908)

Bagdad, die berühmte Hauptstadt des Kalifenreiches, liegt auf beiden Seiten des Tigris, von Palmenhainen umgeben. Die Stadt, in der Mitte des achten nachchristlichen Jahrhunderts von dem Kalifen Almansur gegründet, gehörte in der mittelalterlichen Glanzzeit des arabischen Kalifats zu den größten und reichsten Städten der Welt. Sie war der Sitz hoher Bildung, Gelehrsamkeit und Kunstfertigkeit sowie der Mittelpunkt eines den ganzen Orient beherrschenden Handels. In der Folgezeit verlor die von den Mongolen zweimal furchtbar verwüstete und später von Türken und Persern wiederholt hart umkämpfte Stadt durch die Pest, durch Überschwemmungen, Hungersnöte und Mißregierungen viel von ihrer früheren Größe. Auch ihre Bevölkerung, die zur Kalifenzeit 2 Millionen betragen haben soll, ging auf 150000–200000 Einwohner um 1910 zurück.

Die Bahnhofsanlage von Bagdad lag auf dem rechten Ufer des Tigris, in der Nähe der breiten, belebten Pontonbrücke, die hinüber zum Ostufer führte, an dem sich die öffentlichen Gebäude und die europäischen Konsulate befanden. Die prächtigen Uferfassaden, die Moscheen mit den fayencenbedeckten Kuppeln und den Minaretts, die aus dem Häusergewirr hervorragten, gewährten den Reisenden damals noch immer einen großartigen Anblick. Zusammen mit den wenigen Bauten, die aus der Kalifenzeit erhalten geblieben waren, gaben sie einen Eindruck davon, daß Bagdad einst stolze Tage der Macht und der Kunst erlebt hatte.

Bagdad: Die Schiffbrücke über den Tigris (1908)

Vereinzelte Schornsteine wiesen auf das Vorhandensein einiger Industrie hin. Neben der Nahrungsmittel-

Bagdad: Blick von der Tigrisbrücke stromaufwärts auf das rechte Ufer (um 1930)

industrie mit rein lokaler Bedeutung gab es eine gut entwickelte Textilindustrie. In der kaiserlichen Tuchfabrik wurden Stoffe und Ausrüstungsgegenstände für die Armee gefertigt, im übrigen wurden auf den zahlreich vorhandenen Webstühlen einheimische Gebrauchsgegenstände hergestellt. Die Erzeugnisse dieser Gewerbebetriebe wurden in die anderen Provinzen, nach Persien und nach Ägypten abgesetzt. Insgesamt war die Industrie in Bagdad zu Beginn dieses Jahrhunderts aber im Rückgang begriffen.

Noch immer war die alte Kalifenstadt der Sammel- und Verteilungsplatz des mesopotamischen Handels, ein lebhafter Mittelpunkt, der durch die Bagdadbahn noch mehr an Bedeutung gewinnen sollte. Hier nahm die zu allen Zeiten viel benutzte Karawanen- und Pilgerstraße nach Persien ihren Anfang, und hier endete gewöhnlich die von Basra heraufkommende Flußschiffahrt auf dem Tigris. Die starken Wasserstandsschwankungen, die vielen Stromschnellen und Sandbänke ließen jedoch keinen regelmäßigen Verkehr zu. Die von vier Gesellschaften betriebene Flußschiffahrt befand sich bis zum Ausbruch des Ersten Weltkrieges überwiegend in britischen Händen.

Straßenszene in Bagdad (1918)

Oberhalb Bagdads wurde der Tigris nur von den landesüblichen Fahrzeugen benutzt. Teils waren es aus Rohr oder Palmrippen geflochtene, außen mit Pech abgedichtete schüsselförmige Boote, teils die schon von Xenophon beschriebenen Schlauchflöße oder Kelleks aus aufgeblasenen und zusammengebundenen Schaf- oder Ziegenhäuten.

Der Tigris bei Bagdad (1928)

Im Einzugsgebiet der Eisenbahn, 80 Kilometer südlich von Bagdad, liegen die Ruinen der alten Stadt *Babylon,* von der Herodot berichtet, daß ihre Mauern einen Umfang von 480 Stadien hatten. Babylon, beiderseits des Euphrat gelegen, war vom Anfang des 2. Jahrtausends bis zu Alexander dem Großen das kulturelle Zentrum der gesamten vorderasiatischen Welt. Ihre Vormachtstellung, die um 1700 v. Chr. von Hammurapi begründet wurde, beruhte vor allem auf der überragenden Bedeutung ihres Hauptgottes Marduk, der zum Götterkönig erhoben und überall in Vorderasien verehrt wurde. Von der Pracht, dem Reichtum und der Ausdehnung dieser Stadt berichten die Inschriften des Königs Nebukadnezar II. (605–562 v. Chr.), die Angaben verschiedener antiker Schriftsteller – hier vor allem Herodot – sowie die Grabungsfunde der Deutschen Orient-Gesellschaft, die hier in den Jahren 1899 bis 1917 umfangreiche Ausgrabungen tätigte. Hier wurde einst der biblische Turm zu Babel gebaut, und hierhin verlegt die Legende die hängenden Garten der Semiramis.

Die Provinzen Bagdad und Basra gehörten einst zum reichen Baylonien, das sich nach dem Fall Ninives unter Nebukadnezar II. über ganz Mesopotamien und Syrien erstreckte. Dieses Gebiet galt im Altertum als eines der fruchtbarsten Länder der Erde, und die alten

Der Löwe von Babylon

Schriftsteller wissen nicht genug von der Ergiebigkeit seiner Produktion und der Höhe seiner Steuererträge zu erzählen. Damals war Babylonien, der »fruchtbarste Acker des ganzen Orients« (Plinius), eine Kornkammer, ein Palmenwald und eine große Viehweide zugleich. Hierher hatte schon die Bibel die Stätte des Paradieses oder des Gartens Eden verlegt.

Dieses Land ist mit den Ruinen der Urgeschichte der Menschheit übersät, hier existierten mächtige und blühende Reiche mit einer kulturell hochentwickelten Bevölkerung, mit dicht bevölkerten Städten, regem Gewerbe und lebhaftem Handel. Hier erließ um 2250 v. Chr. König Hammurapi Gesetze, die in wichtigen Grundsätzen in das europäische Recht übergingen; hier wurde das Pferd in die Kulturgeschichte der Menschheit eingeführt, der Kalender mit sieben Wochentagen und die in vielen Resten erhaltene Keilschrift erfunden.

Auch im Mittelalter, zur Zeit der arabischen Herrschaft, standen diese Gebiete in hoher Blüte. Hier lag seit der arabischen Eroberung jener glanzvolle Mittelpunkt der orientalischen Welt, den die Märchen aus Tausendundeiner Nacht in Dichtung und Wahrheit so farbenprächtig schildern.

Die Überreste des Südpalastes des Königs Nebukadnezar II.

Nachdem aber die Mongolenstürme des 13. und 14. Jahrhunderts über das Land hinweggefegt waren, traten eine völlige Verödung und ein Verfall ein, der bis zum Beginn des 20. Jahrhunderts anhielt. Der türkischen Regierung, die das größtenteils zur Steppe gewordene Gebiet übernahm, gelang es nicht, die Bewässerungsanlagen, die notwendige Voraussetzung der Bodenfruchtbarkeit, zu erhalten und fortzuführen. Das Land brachte nicht mehr hervor, als es für die Bedürfnisse seiner spärlichen Bevölkerung benötigte. Jetzt wohnten kaum 3 Millionen Menschen in Mesopotamien, während es zur Perser- und Araberzeit 15–24 Millionen gewesen sein sollen.

Doch kehren wir zur Bagdadbahn zurück. Von Bagdad aus sollte die Strecke in südlicher Richtung weitergeführt werden, den Euphrat überschreiten, um dann auf dem rechten Ufer des Euphrat *Basra* zu erreichen. Die Stadt war der Ein- und Ausfuhrhafen, der Transithafen, für Bagdad, hatte selbst aber auch große Bedeutung, da sich hier der Handelsverkehr der unteren Euphrat- und Tigrislandschaften konzentrierte.

Zehn Kilometer nördlich von Basra vereinigen sich Euphrat und Tigris zu einem gemeinsamen Mündungsarm, dem Schatt el-Arab. Das Uferland trug ausgedehnte Wälder mit Millionen von Dattelpalmen, deren massenhafte Früchte als Hauptausfuhrgegenstand dieses Gebietes in den Export gingen. Von hier aus wurde der Weltmarkt mit Datteln versorgt. Unter den Palmen gediehen die verschiedensten Obstbäume sowie Getreidearten, und das sumpfige Gelände trug auch ausgedehnte Reisfelder.

Die seßhafte Bevölkerung betrieb Ackerbau und hier und da auch ein Handwerk. Daneben gab es zahlreiche Nomadenstämme,

Beduinen beim Wasserschöpfen in Südmesopotamien (um 1935)

Basra: Am Hauptkanal

Die Palmenwälder am Schatt el-Arab

die Viehzucht betrieben, vorzugsweise die Zucht von Schafen, Kamelen und Pferden. Die Produkte der Viehzucht, vor allem Wolle und Häute, bildeten die Haupterzeugnisse des Ausfuhrhandels der beiden Provinzen. Auch das Vieh selber wurde exportiert.

Basra konnte damals nicht von großen Ozeanschiffen angelaufen werden, da die vor der Mündung des Schatt el-Arab liegenden großen Sandbarren ein Verkehrshindernis darstellten. Schiffe bis zu 1500 Tonnen kamen nur bei Flut, Schiffe von 1500 bis 3500 Tonnen nur bei der alle vierzehn Tage eintretenden Springflut in den Hafen von Basra. Schiffe mit noch größerer Tonnage mußten nicht nur den Zeitpunkt der Springflut abwarten, sondern außerdem auf offener See leichtern, um nach Basra zu gelangen.

Die Fortsetzung der Bagdadbahn bis zum Persischen Golf war daher dringend erforderlich. Die Stadt Kuwait mit ihrem günstigen Hafen wurde schon seit den neunziger Jahren des 19. Jahrhunderts von deutsch-türkischer Seite als Endpunkt der Bahn in Betracht gezogen. Obwohl selbst im Bagdadbahn-Abkommen eine genaue Festlegung der Endstation unterblieben war, blieb die günstig gelegene Bucht von Kuwait bei den deutschen Stellen weiterhin im Gespräch

Menschen am Tigris (um 1930)

und geriet durch den Bagdadbahn-Bau in die verkehrs- und militärstrategische Konzeption der Großmächte.

In der deutschen Publizistik waren »Bagdadbahn« und »Kuwait« zu dieser Zeit zu feststehenden Begriffen, ja sogar zu Schlagworten geworden. Durch Reiseberichte und Presseartikel war die deutsche Öffentlichkeit verhältnismäßig gut informiert. Nachdem der Erste Weltkrieg die Machtstellung Deutschlands ausgeschaltet hatte, war auch das publizistische Interesse an dem Scheichtum am Persischen Golf ebenso wie an der Bagdadbahn fast völlig verschwunden.

Das Interesse an dieser Bahnstrecke, die einst im Zentrum der Politik gestanden hatte, ließ in Deutschland nach. Bereits im Jahre 1940, als die letzte Lücke im Streckenverlauf geschlossen wurde, erschien diese Nachricht der *Frankfurter Zeitung* »fast wie eine Kunde aus vergangener Zeit«.

Es sollten Jahrzehnte vergehen, bis der Endpunkt der Bagdadbahn, Kuwait, wieder in das Bewußtsein der deutschen und der Weltöffentlichkeit trat. Durch seine reichen Ölvorkommen und durch die Ölkrise 1973/74 wurde diese Region am Persischen Golf wieder zu einem Begriff in den Medien.

Eisenbahnkarte Vorderasiens (um 1920)

QUELLEN UND LITERATUR

QUELLEN:

Bestände des Historischen Archivs der Deutschen Bank

LITERATUR:

Banse, Ewald, Auf den Spuren der Bagdadbahn, Weimar 1913
Barth, Boris, Die deutsche Hochfinanz und die Imperialismen, Wiesbaden 1995
Bickel, Benno, Die Türkischen Eisenbahnen und ihre Dampflokomotiven, Krefeld 1976
Feldman, Gerald D., Die Deutsche Bank vom Ersten Weltkrieg bis zur Weltwirtschaftskrise 1914–1933, in: Lothar Gall u.a., Die Deutsche Bank 1870–1995, München 1995
Franzke, Jürgen, Orient Express – König der Züge, Nürnberg 1998
Frech, F., Die Länder der Bagdadbahn, Privatdruck, Berlin 1930
Gall, Lothar, Die Deutsche Bank von ihrer Gründung bis zum Ersten Weltkrieg 1870–1914, in: Lothar Gall u.a., Die Deutsche Bank 1870–1995, München 1995
Goltz, Colmar von der, Ein Spazierritt längs der anatolischen Bahn, München 1889
Gwinner, Arthur von, Lebenserinnerungen, 2. Aufl., Frankfurt am Main 1992
Hassert, Kurt, Das Türkische Reich, Tübingen 1918
Helfferich, Karl, Georg von Siemens, Bd. 3, Berlin 1923
Hütteroth, Wolf-Dieter, Türkei, Darmstadt 1982
Kochwasser, Friedrich, Das Deutsche Reich und der Bau der Bagdadbahn, in: ders. (Hrsg.), Araber und Deutsche, Tübingen 1975
Mejcher, Helmut, Die Bagdadbahn als Instrument deutschen wirtschaftlichen Einflusses im Osmanischen Reich, in: Geschichte und Gesellschaft, 1. Jg., 1975, H. 4, S. 447ff.
Meyer-Heinrich, Hans (Hrsg.), Philipp Holzmann Aktiengesellschaft im Wandel von hundert Jahren 1849–1949, Frankfurt am Main 1949
Lodermann, Jürgen/Pohl, Manfred, Die Bagdadbahn, Mainz 1989
Pönicke, Herbert, Die Hedschas- und die Bagdadbahn, Düsseldorf 1958
Rohrbach, Paul, Die Bagdadbahn, Berlin 1911

Rossberg, Ralf Roman, Geschichte der Eisenbahn, Künzelsau 1977
Schmidt, Hermann, Das Eisenbahnwesen in der asiatischen Türkei, Berlin 1914
Schneider, Siegmund, Die Deutsche Bagdad-Bahn, Wien, Leipzig 1900
Schöllgen, Gregor, Imperialismus und Gleichgewicht, München 1984
Seidenzahl, Fritz, Bank für Orientalische Eisenbahnen, in: Deutsche Bank (Hrsg.), Beiträge zu Wirtschafts- und Währungsfragen und zur Bankgeschichte, Nr. 1, 1965
ders., Das Abkommen über die Turkish Petroleum Company, in: Deutsche Bank (Hrsg.), Beiträge zu Wirtschafts- und Währungsfragen und zur Bankgeschichte, Nr. 5, 1967
Trössner, Fritz, Kuweit und die neue Bagdadbahn, in: Die Reform. Illustrierte Zeitschrift des Weltverkehrs, H. 8, Leipzig 1901/02
Zander, Kurt, Das Eisenbahnwesen der Türkei, Berlin 1918
Zimmermann, Adalbert, Mit der Bagdadbahn nach dem Busen von Alexandrette, in: Unterhaltungsbeilage der Täglichen Rundschau, 19. 9., 20. 9., 17. 10. 1912

BILDNACHWEIS

Umschlagbild: Der Bahnhof von Eskischehir (um 1900); Foto: Deutsches Archäologisches Institut, Abteilung Istanbul.
Agfa Foto-Historama im Wallraf-Richartz-Museum / Museum Ludwig, Köln: 27.
Banque Impériale Ottomane, Istanbul: 19, 21, 56.
Horst Bever / Karl-Heinz Ziegler, Baden-Baden: 171 (o.).
Bundesarchiv (Bildarchiv), Koblenz: 46, 73, 84 (o. li.), 89, 111, 129, 130 (o.), 143 (o.), 148, 149 (o.), 154 (u.), 158, 160, 163, 166, 167, 172 (u.), 173 (o.), 174 (o.), 180 (o.), 184, 185.
DB Museum, Verkehrsmuseum, Nürnberg: 15, 16.
Deutsche Bank, Historisches Archiv, Frankfurt am Main: 10, 12, 17, 22, 23, 25, 28, 29, 30, 32–37, 40 (o., m.), 43 (u.), 48, 50, 53, 58, 61, 63–65, 67, 68, 71, 72, 74, 76–78, 79 (o.), 80, 81, 86 (u.), 92 (u.), 94, 98, 107 (u.), 112, 113, 118, 120–121, 123, 130 (u.), 132 (u.), 136 (u.), 137, 139, 149 (u.), 150 (u.), 152 (o.), 162 (o.), 168–170, 171 (u.), 172 (o.), 173 (u.), 179, 180 (u.), 182, 186, Vorsatz.
Deutsche Botschaft, Istanbul (Hrsg.) 120 Jahre Kaiserliches Palais, Istanbul 1998: 52, 55.
Deutsches Archäologisches Institut, Abteilung Istanbul: 54, 107 (o.), 108, 131, 132 (o.), 133–135, 140–142, 143 (u.), 144–147, 150 (o.), 151, 152 (u.), 154 (o.), 155, 156, 157, 161, 164 (o.).
Sammlung Gottwaldt, Berlin: 40 (u.), 79 (u.), 87, 88 (m., u.), 92 (o.), 103.
Gruner & Jahr, Hamburg: 175.
Philipp Holzmann AG, Frankfurt am Main: 43 (o.), 82, 83, 84 (o. r., u.), 85 (o.), 86 (o.), 109, 110, 136 (o.), 164 (u.).
Institut für Stadtgeschichte, Frankfurt am Main: 44–45.
Meyers Konversations-Lexikon, Bde. 9, 15, Leipzig 1889: 14, 128.
Süddeutscher Verlag Bilderdienst, München: 85 (u.), 174 (u.), 181, 183 (u.).
Ullstein Bilderdienst, Berlin: 91, 96, 100, 159, 162 (u.), 165, 176, 177, 183 (o.).

IN ZUSAMMENARBEIT MIT DER HISTORISCHEN GESELLSCHAFT DER DEUTSCHEN BANK

Wilfried Guth geht in den Reden und Beiträgen dieses Buches nicht nur der Frage der Zukunft der Sozialen Marktwirtschaft nach, er beleuchtet auch grundsätzlich die Herausforderungen, die auf Deutschland und seine Wirtschaft mit der fortschreitenden Globalisierung zukommen.

117 Seiten
Serie Piper 2937

In den versammelten Beiträgen und Essays beschäftigt sich Hilmar Kopper mit Kultur und Gesellschaft: Ob es um das Musikgymnasium in Weimar oder das Historische Kolleg in München geht – die Felder, in denen die Deutsche Bank kultur- und gesellschaftspolitisch tätig ist, sind vielfältig.

144 Seiten
Serie Piper 2584

Die Deutsche Bank im Überblick: Das illustrierte Calendarium gibt einen kurzen, chronikartigen Abriß der Geschichte der Deutschen Bank. Die wichtigsten Ereignisse eines jeden Jahres von 1870 bis 1997 werden in knapper Form dargestellt.

127 Seiten mit zahlreichen Abbildungen im Text
Serie Piper 2583

Seit fast 130 Jahren ist die Deutsche Bank in den USA tätig – Rolf-E. Breuer, Manfred Pohl u.a. kommentieren eine lange gemeinsame Geschichte, die ihre Höhen und Tiefen hatte, und in der nun durch die Übernahme von Bankers Trust ein neues Kapitel aufgeschlagen wird.

102 Seiten mit 7 farbigen Abbildungen im Text
Serie Piper 3030

SIND BEREITS ERSCHIENEN:

Die Autoren schildern die wichtigsten Stationen in der Geschichte der Filiale und beschreiben die Entwicklung ihrer Dienstleistungen: vom »klassischen« Auslands-Kredit-Geschäft der Gründungszeit bis zur vielfältigen Produktpalette im Rahmen des internationalen Finanzkonzerns von heute.

95 Seiten mit zahlreichen
Abbildungen im Text
Serie Piper 2431

Seit 1924 ist die Deutsche Bank in der schwäbischen Metropole vertreten. Der Filiale kam eine zentrale Rolle in Süddeutschland zu. Nach der Gründung der Bundesrepublik kristallisierte sich Stuttgart als wichtiger Industriestandort mit hohem Finanzbedarf heraus.

128 Seiten mit farbigen
Abbildungen im Text
Serie Piper 2936

Die abwechslungsreiche Geschichte der Deutschen Bank in »Deutschlands Tor zur Welt« durch die Jahre des Booms nach der Reichsgründung, durch die Katastrophen des 20. Jahrhunderts und nicht zuletzt den Wiederaufbau nach 1945 zeichnen die Autoren als wichtigen Abschnitt deutscher Geschichte.

144 Seiten mit zahlreichen
s/w-Abbildungen im Text
Serie Piper 2516

Bereits 1873 ging die Deutsche Bank an die Themse und war in der Hauptstadt des britischen Weltreiches am richtigen Ort, um das zu betreiben, was heute Globalisierung heißt. Die Autoren beschreiben damit auch einen wichtigen Ausschnitt der deutsch-britischen Beziehungen.

158 Seiten mit zahlreichen
Abbildungen im Text
Serie Piper 2665

SCHWARZES MEER
NORDANATOLISCHES G
ISTANBUL
HAIDAR PASCHA
IZMIT
ANKARA
SIVAS
VEZIRHAAN
BURSA
ESKESHEHIR
T Ü R K E
KAYSERI
KÜTAHYA
Sakkaria
Seyhan
Ceyhan
Cakir
AFYON
CAY
SULTANDAG
AKSEHIR
KONYA
BURGULU
CIFTEHAN
BAHCE
GAZIANTEP
JARABLUS
UR
IZMIR
ALASEHIR
CHATAL HÜYÜK
EREGLI
BILIMEDEK
OSMANYE
TURGUTLU
AYDIN
BEYSCHEHIR SEE
GOKYURT
POZANTI
HACICIRI
TARSUS
ADANA
MERSINA
MUSLIMIE
ALEPPO
TAURUS
ISKENDERUN
SYR
HAMA
HOMS
CYPERN
TRIPOLI
LIBANON
DAMASKUS
TTELLÄNDISCHES MEER
ISRAEL
JORDANIE
ALEXANDRIA
ÄGYPTEN